MIXTO

Papel procedente de fuentes responsables
Paper from responsible sources

FSC® C105338

"Economía Circular para todos"

Conceptos básicos

para ciudadanos, empresas y gobiernos

La Economía Circular:

Desde la necesidad,

pasando a ser la solución de último recurso,

hasta llegar a ser la opción predeterminada.

por Walter R. Stahel

Traducción al español por Magaly González Vázquez

Versión original en inglés:

"The Circular Economy: A User´s Guide"
By Walter R. Stahel.
Foreword by Dame Ellen MacArthur.
Edited by The Ellen MacArthur Foundation.

Publicado por Routledge Taylor&Francis Group (2 Park Square, Milton Park, Abingdon, Oxon, UK, OX14 4RN)
ISBN: 978-0-367-20017-6
Primera edición: Junio 2019

Versión en español:

"Economía Circular para todos. Conceptos básicos para ciudadanos, empresas y gobiernos"
Autor: Walter R. Stahel
Traducción al español por Magaly González Vázquez

ISBN-13: 978-84-1092-017-0
Primera edición de la versión en español: Junio 2019
Prólogo de la versión al español: Magaly González Vázquez
Diseño de cubierta de la versión al español: Fernando González Vázquez

Editorial: BoD · Books on Demand, Calle de Manzanares, 4,
28005 Madrid, bod@bod.com.es
Impresión: Libri Plureos GmbH, Friedensallee 273,
22763 Hamburg (Alemania)

Este libro no es un libro de texto de economía, biología molecular o ciencias materiales, aunque estas disciplinas son importantes para entender la circularidad. Se trata más bien de una guía o caja de herramientas para el análisis del comportamiento individual y social.

El contenido del libro apela al sentido común y, por lo tanto, pondrá a prueba el conocimiento de los expertos.

Walter R.Stahel

El autor, Walter R. Stahel, elogia y expresa su gratitud a Magaly G.V. y su equipo, por haber traducido su texto del inglés al español, con el fin de hacer más accesible estos conocimientos a las personas que entienden este idioma.

Contenido

Prólogo de la versión en español

Magaly González Vázquez

En el mundo globalizado en el que vivimos, la Economía Circular cobra cada día más importancia.

El problema del cambio climático, y del gran volumen de residuos que estamos generando, y que el medio ambiente no tiene capacidad de asimilar (al no poder incorporarlos a sus ciclos naturales), son fruto del modelo de Economía Lineal vigente (tomar-producir-usar-tirar).

Esta Economía Lineal parte de un paradigma de recursos infinitos, y fomenta un modelo de consumo, bajo el cual nos hemos distanciado de nuestro vínculo con el entorno, con los recursos naturales y con los métodos usados para su obtención y transformación. Hemos tomado el planeta como si fuera un dispensador de recursos ilimitados, sin pararnos a pensar en el impacto que esto tiene tanto para nosotros mismos (y para generaciones futuras), como para el medioambiente y la conservación del mismo.

Además, las consecuencias no son sólo ambientales, sino también sociales y económicas. Afortunadamente, ya se están empezando a entender y a tener en cuenta por todos los agentes involucrados (desde el productor hasta el consumidor), porque "más", ya no significa necesariamente "mejor", incluso, a veces, todo lo contrario.

La Economía Circular se plantea como una respuesta a estos problemas, aportando soluciones beneficiosas a nivel ambiental, social y también económico. Recupera la actitud de cuidado en relación a los bienes, y prioriza un adecuado mantenimiento y la prevención en la generación de residuos, frente a la producción de nuevos productos (y por ende de más residuos).

Sin embargo, ambos modelos no son excluyentes y, en una Economía Circular madura, se complementan y aportan en diferentes áreas.

De todo lo anterior trata este libro, introduciendo los conceptos de Economía Lineal y Economía Circular, desarrollándolos, y aportando ejemplos que faciliten la comprensión de los mismos. Es por ello una excelente herramienta para adquirir conocimientos sobre los fundamentos de la Economía Circular, y las ventajas y mejoras que ofrece sobre determinados aspectos de la Economía Lineal.

Se recomienda una primera lectura del texto que permita familiarizarse con estos conceptos y términos, y una segunda lectura más en profundidad, que permita una mayor comprensión y asimilación de estos contenidos.

Esta traducción se publica bajo el título de "Economía Circular para todos", siendo el título original en inglés *"The Circular Economy: A User´s Guide"*.

El documento original en inglés utiliza conceptos que se ha preferido no traducir, en algunos casos para no modificar el mensaje original o bien porque no se dispone de la traducción directa del término en español. Progresivamente, tendremos que adoptar los términos de la Economía Circular en nuestro vocabulario habitual.

Por último, muchas gracias a Walter Stahel por la confianza que ha depositado en mí para realizar la traducción del documento. Ha sido un verdadero placer y una experiencia muy enriquecedora.

Asimismo, agradecer a mi equipo su apoyo y sus aportaciones, sin los cuales este proyecto no habría sido posible. También agradecer a las personas que han colaborado en la revisión de la traducción, por sus recomendaciones y sugerencias.

Magaly

Introducción

La Economía Circular evoluciona a través de dos grandes cambios:

Empieza desde la necesidad, para pasar a ser la solución de último recurso hasta que finalmente se establece como la opción predeterminada

La Economía Circular parte de una sociedad circular por necesidad, debido a la pobreza de las personas o la escasez de recursos, y ha evolucionado hacia a una economía circular de abundancia, como una solución a los devastadores problemas de los residuos. Sin embargo, el objetivo es que finalmente se llegue a una Economía Industrial Circular como opción predeterminada, que resulte atractiva para los individuos y que se convierta en la elección más deseable y sostenible.

Este último paso es el mayor reto. El piloto y poeta francés Antoine de St Exupéry (1900 – 1945) ya se refirió a este tipo de desafío en su libro inacabado *Citadelle*[1]:

"Quand tu veux construire un bateau, ne commence pas par rassembler du bois, couper des planches et organiser des ouvriers, mais crée la pente vers la mer, réveille au sein des hommes le désir de la mer grande et large."

"Cuando quieras construir un barco, no comiences por reunir madera, cortar tablas y distribuir el trabajo, en su lugar crea el anhelo por el mar, despierta entre los hombres el deseo por el vasto e interminable mar."

[1] Antoine Marie Jean-Baptiste Roger, Conde de Saint-Exupéry. Esta es una cita aproximada que Saint Exupéry escribió sobre este desafío en varias ocasiones en su libro.

Crear una Economía Industrial Circular significa, por lo tanto, **motivar**:

- a los individuos, a soñar con la felicidad más allá de la propiedad[2],
- a los propietarios de bienes, y a los agentes económicos propietarios y operadores de bienes, a cuidar de las existencias de esos bienes y materiales que poseen, y
- a los políticos, a elaborar el marco de referencia que genere el "anhelo por el mar", el cual promueva una economía circular y otras soluciones sostenibles.

Este libro acerca al lector a este anhelo por la belleza de la Economía Circular (EC), al describir la historia, la estructura y los mecanismos de la circularidad, que se han extendido y han estado omnipresentes a lo largo de la historia del planeta Tierra.

Estos mecanismos de la circularidad se muestran de dos formas característicamente diferentes:

EN LA NATURALEZA: Los ciclos de agua y materiales son la norma, algunos son impredecibles como el clima, y otros son periódicos como los ciclos de las mareas. La naturaleza se rige por un sistema auto-organizado de ciclos virtuosos[NT1] de materiales, donde el desperdicio de unos es alimento y remuneración para otros. El "trabajo" para conseguir esto es realizado por billones de bacterias, insectos y otros animales pequeños, libres de cargas e impuestos. Los procesos naturales no están sujetos a restricciones temporales o monetarias, ni a obligaciones de ningún tipo. La naturaleza no tiene un plan maestro, y ningún evento se percibe como negativo.

---

[2] En el budismo, la felicidad se define como "La suma de sus pertenencias dividida por la suma de sus deseos", de forma que disminuyendo tus deseos aumenta tu felicidad. Aristóteles afirmó, hace 2000 años, que la riqueza real reside en el uso de bienes no en la propiedad.

[NT1] En un contexto económico y corporativo, los ciclos virtuosos o círculos virtuosos hacen referencia a las cadenas de procesos y procedimientos que se mejoran a través de la retroalimentación continua para conseguir resultados más favorables, siendo ésta la base de la mejora continua en los sistemas de gestión. En contraposición, se encuentran los ciclos viciosos o círculos viciosos.

EN LA HUMANIDAD: La "sociedad circular" ha estado presente a lo largo de la historia de la humanidad. Los individuos crearon bienes a partir de recursos naturales, como madera o piedra, para su propio uso y para el intercambio en una economía de trueque. Luego, aparecieron artesanos que utilizaron sus habilidades para crear productos para otros, exploraron nuevos materiales como metales y cerámica, y repararon objetos rotos como un servicio a sus propietarios. Esta evolución fue impulsada por el deseo humano de una mejor calidad de vida, así como por las iniciativas individuales.

0.1. Historia

La Economía Circular siempre tuvo el objetivo de **optimizar el uso de los objetos, no su producción**, con el propósito de preservar al máximo la utilidad y el valor de los bienes, los componentes y las partículas ya producidos (existencias), y para administrar de manera rentable estas existencias cuando compitan con otras opciones económicas. Los ciclos naturales, por el contrario, no tienen propósito ni objetivo.

El desarrollo histórico de la Economía Circular se muestra en la Tabla 1 (ver página siguiente) como un proceso aditivo que tiene lugar gradualmente. En la actualidad, existen varias formas de circularidad, sociedad circular y economía circular en paralelo, entrelazadas y en competencia con la Economía Industrial Lineal (EIL).

La circularidad ha sido el principio rector de la naturaleza desde el inicio. Las mismas moléculas se han utilizado, disociado y reutilizado en ciclos, como si de un LEGO gigante se tratase, permitiendo la adaptación de la fauna y la flora a las condiciones cambiantes del entorno mediante el desarrollo de una creciente biodiversidad.

Sin embargo, la circularidad en la naturaleza no es capaz de reconocer los objetos manufacturados como "malos": es el caso de los microplásticos en los océanos, que son tragados por los peces, los cuales pueden ser consumidos posteriormente como alimento por las personas; o de manera similar, la sal que se extrae del mar a través de la evaporación contiene microplásticos, y que sin embargo es preferida por los gourmets a la sal de roca. Queda patente por tanto que en la naturaleza nada se desperdicia, y por ello la humanidad tiene la obligación moral de mantener el control de los materiales manufacturados que la naturaleza no puede descomponer, aunque sólo sea por su propio interés.

Tabla 1: Evolución de las fases concéntricas de circularidad - existentes en simbiosis.

	Circularidad	**Sociedad Circular**	**Economía Particular Circular**	**Economía Industrial Circular (EIC)**
Línea de tiempo				
Iniciado por	Siempre	La humanidad	El hombre industrial	Las empresas industriales
Impulsores	La Naturaleza	Creencias, cultura, tradición (Amish)	Necesidad, buena administración en el hogar	Mantenimiento del valor, eficiencia en el uso
Actores		Grupos	Individuos	Gestores logísticos
Ejemplos	Ciclo del agua, ciclo del carbono	Uso compartido, bienes públicos, vestuario, bibliotecas públicas.	Sentido del cuidado de los productos, reutilización de prendas, artículos de colección, mantenimiento.	Incremento de la vida útil, reacondicionamiento[NT2] de bienes y componentes, recuperación de partículas.
Valor	Inmaterial	No monetario	Personal	Monetario
Controlado por	Naturaleza	Usuarios Propietarios	Usuarios Propietarios	Gestores Propietarios
Actividades circulares	Silvicultura, agricultura	Sistemas de intercambio	Sistema "hágalo usted mismo" (DIY- "do it yourself"), reparaciones por artesanos.	Sistemas de alquiler, leasing, sistema ferroviario de la UE.
Rango	Global	Local	Local	Bienes regionales, partículas globales.

[NT2] Traducción del término " Remanufacturing" . Este término no tiene traducción al español. En el contexto del libro se ha optado por traducirlo como " reacondicionar" , haciendo referencia a los productos que se fabrican a partir de productos usados.

El hombre primitivo vivía en una sociedad circular de escasez y carencia, por lo que hizo el mejor uso de los recursos naturales disponibles y los objetos existentes para sobrevivir, tal como se expresa en la antigua máxima de Nueva Inglaterra:

"use it up, wear it out, make it do or do without"

"úsalo al máximo, aprovéchalo hasta el final,
arréglalo o prescinde de ello"[NT3]

En este sentido, las sociedades circulares impulsadas por la necesidad todavía existen en muchas de las regiones industrialmente menos desarrolladas del mundo.

El intercambio no monetario era una parte esencial de una sociedad circular de la necesidad - por ejemplo, los bienes comunes en muchos pueblos hace cien años-. En la actualidad, los "*Repair Cafes*" son una forma moderna de compartir: en estos cafés, los propietarios de objetos rotos se reúnen regularmente con personas con conocimientos y experiencia en su reparación. Allí disponen de las herramientas necesarias para realizar las reparaciones. Mientras comparten un café, los expertos reparan o enseñan a los propietarios a reparar los objetos.

Una sociedad que comparte le da sentido al trabajo de las personas a todos los niveles: "*... existen iniciativas en el ámbito de las ciencias que fomentan la agrupación de reactivos excedentes, compartir el equipamiento cuando sea posible, o disponer de un mejor etiquetado en los productos químicos de laboratorio que evite la duplicidad. Estas*

[NT3] Esta expresión se extendió en la sociedad americana en la época de la Gran Depresión durante la década de 1930:

"*Use it up*": Hace referencia a agotar el uso de un producto antes de reponerlo, y a reutilizarlo y aprovecharlo antes de reciclarlo.

"*Wear it out*": Hace referencia a alargar la vida útil de los productos, mediante la elección de productos de mayor calidad con una vida útil más larga y mediante el mantenimiento y apropiado cuidado del producto.

"*Make it do*": Hace referencia a priorizar las opciones de reparación y arreglos que pueden realizarse sobre diversos productos y bienes, frente a la compra de un producto nuevo para sustituirlo completamente, así como a realizar un uso racional de los mismos y no consumir más de lo necesario para conseguir los resultados satisfactorios deseados.

"*Do without*": Hace referencia a prescindir de productos y bienes innecesarios o a ser comedido en la adquisición de productos, diferenciando las necesidades de los deseos.

acciones son tanto para ayudar a la ciencia como para ayudar al planeta. Permiten liberar recursos que se pueden aplicar con fines científicos."[3] El material desperdiciado también es dinero perdido.

El desarrollo de habilidades y capacidades permitió gradualmente a la humanidad explotar mejor los recursos naturales disponibles. La innovación social y cultural, y las nuevas herramientas y tecnologías, mejoraron aún más su calidad de vida. Hace 250 años, la revolución industrial permitió a las personas superar la escasez de alimentos, refugio y ropa en muchas regiones, aprovechando las oportunidades de una Economía Industrial Lineal (EIL).

Este libro se enfoca en el uso de los productos en una "Economía Circular", dentro de una economía productiva[4], como se muestra en la Figura 1 (ver página siguiente).

Para extender la vida útil de los productos manufacturados, la Economía Circular emplea tanto procesos industriales a escala regional, como procesos locales a menor escala (artesanos, sistema "*hágalo usted mismo*" -DIY- "do it yourself"- o los antes mencionados "*Repair Cafes*"). Sin embargo, para recuperar los átomos y las moléculas -los elementos más básicos de los que están compuestos los productos-, al final de la vida útil de los mismos, la norma es utilizar procesos a escala industrial.

0.2. El ámbito de la Economía Circular frente a la Economía Industrial Lineal

La Economía Circular (EC) es el modelo de negocio de postproducción más sostenible. Utiliza los recursos naturales, humanos y culturales, así como las existencias de productos ya manufacturados, con el objetivo de mejorar los aspectos ambientales, sociales y económicos que constituyen la sostenibilidad. Sin embargo, la Economía Circular no es la única estrategia inteligente y sostenible que existe.

---

[3] Peter James, director de S-Lab, una iniciativa del Reino Unido con sede en Londres que promueve prácticas de laboratorio sostenibles, citado en NATURE vol 554, 8 de febrero de 2018, pág. 265.

[4] El trabajo productivo, según Adam Smith, era cualquier trabajo que se materializara en un objeto tangible, que fuera (re) vendible.

Figura 1: Situando la Economía Industrial Lineal, la Economía Circular y los actores que tienen el control.

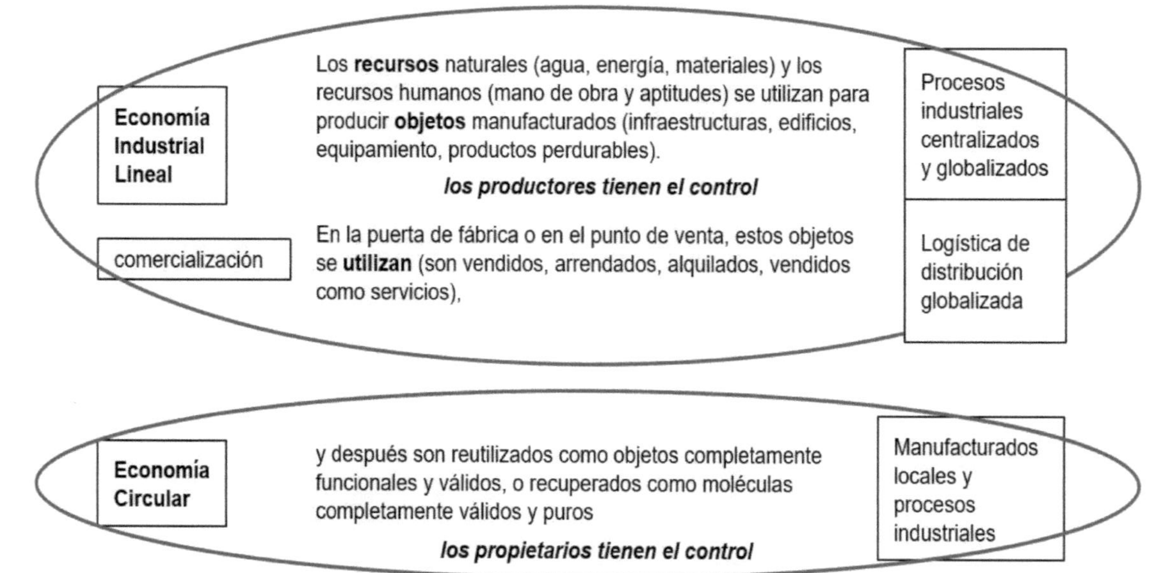

Los conceptos de "Ecologización de la Industria", como la Ecología Industrial y la Simbiosis Industrial, implican la reutilización -en cascada[NT4] - de residuos procedentes de procesos productivos dentro de la Economía Industrial Lineal (EIL, ver también el capítulo 9). Estos conceptos permiten llevar a cabo la gestión de los residuos generados durante el proceso productivo, reduciendo el deterioro ambiental y aumentando la eficiencia de la producción desde un punto de vista económico. Sin embargo, su objetivo no es maximizar el uso de los activos físicos. En este sentido, los circuitos cerrados de agua o de calor, serían a menudo más eficientes en el uso de recursos, que utilizar una metodología de uso en cascada para aprovechar los excedentes de calor producido o agua empleada durante el proceso productivo.

La Economía Industrial Lineal también utiliza estrategias de Economía Circular para reducir los costes de producción, tales como los servicios de reparación y de mantenimiento preventivo para la maquinaria y los equipos de producción. Por ejemplo, al endurecer las cuchillas de acero del cazo de las excavadoras utilizadas en la minería, se reduce el tiempo de inactividad y el desgaste por uso, y se prolonga la vida útil total de dichos cazos.

Este libro se centra en la Economía Industrial Circular (EIC). La Economía Industrial Circular gestiona las existencias de activos manufacturados, tales como infraestructuras, edificios, vehículos, equipos y bienes de consumo, para mantener al máximo su valor y utilidad, durante el mayor tiempo posible. En cuanto a los recursos, la Economía Industrial Circular mantiene las existencias de los mismos en su máximo nivel de pureza y valor.

La Economía Industrial Circular contrasta con la Economía Industrial Lineal en que sus objetivos se basan en mantener el valor (no en crear valor añadido), en optimizar la gestión de stock (no los flujos), y en aumentar la eficiencia en el uso de los bienes (y no en la producción de bienes).

[NT4] Reutilización en cascada: El principio de utilización en cascada da prioridad al valor de uso más alto de un producto o material, promoviendo la reutilización y el reciclado, y sólo en última instancia su uso energético (como combustible).
http://www.birdlife.org/sites/default/files/attachments/cascading_use_memo_final.pdf
http://www.wwf.eu/?263091/Cascading-use-of-wood-products-report

Los productos destinados al consumo, como los alimentos, que no pueden ser vendidos de nuevo o usados por segunda vez (y por lo tanto son improductivos según Adam Smith), no se tratan en este libro.

Uno no puede comer un sándwich dos veces. Tiene sentido entonces "cerrar el ciclo" utilizando los desperdicios de comida para alimentar al ganado, o transformando los desechos de alimentos en biogás (metano). Sin embargo, estos son procesos lineales en cascada para evitar residuos, donde las existencias (los excedentes de alimentos en este caso) se pierden y no pueden usarse posteriormente en un proceso productivo.

0.3. ¿Qué distingue a la Economía Circular de la Economía Lineal?

La Economía Circular comienza donde la Economía Industrial Lineal termina, esto es, en el Punto de Venta (PoS) o en la puerta de fábrica. En este punto la propiedad y la responsabilidad sobre los bienes pasa de los fabricantes a los propietarios y usuarios (ver el capítulo 5). Estos usuarios tienen la opción de optimizar (o no) el uso de los bienes como activos en ciclos concéntricos de reutilización, reparación y reacondicionamiento (fig. 2, ver página siguiente). Por otro lado, las decisiones de los usuarios propietarios pueden basarse en aspectos ambientales, económicos, sociales o culturales, y están abiertas a influencias externas, tales como el marketing y los aspectos éticos.

La característica clave que distingue a la Economía Industrial Circular de la Economía Industrial Lineal, es que la Economía Industrial Circular mantiene el valor y la utilidad de las existencias a través de la gestión de los bienes durante el mayor período de tiempo posible, mientras que la Economía Industrial Lineal se centra en la gestión del flujo del valor añadido en las cadenas de suministro.

La Economía Industrial Circular introduce así el "Factor Tiempo", tanto en la economía (fig. 14) como en la sociedad, pues esta sociedad desperdicia los objetos manufacturados, los recursos materiales y el conocimiento por igual (el conocimiento del pasado a menudo se pierde cuando fallecen las personas que lo poseen).

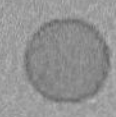

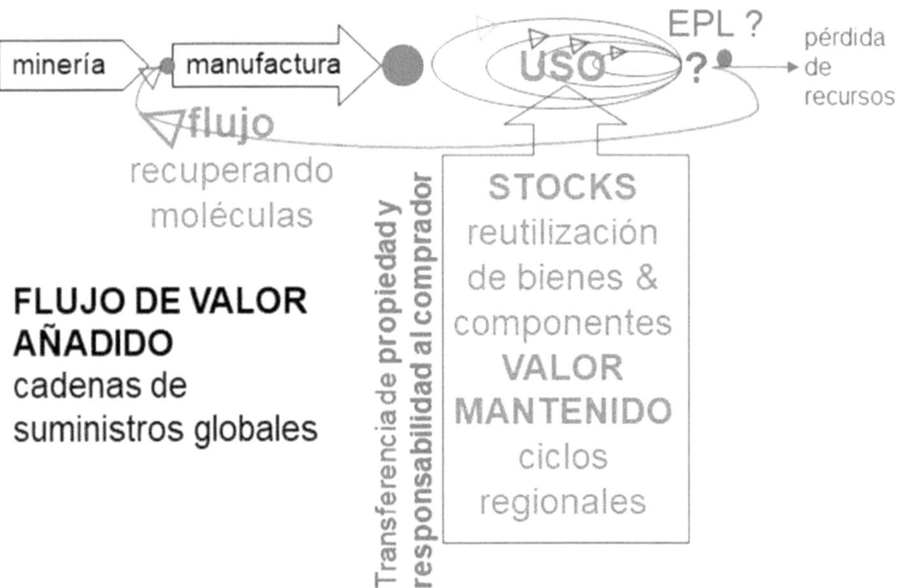

Figura 2: El Punto de Venta (Point of Sale-PoS) separa el flujo de la Economía Industrial Lineal, controlada por el productor, de los ciclos de la Economía Circular, controlada por el propietario.

Existen a su vez, puntos de venta secundarios dentro de la Economía Industrial Lineal:

- para las materias primas, entre quienes las extraen y los productores,
- para los recursos secundarios, entre recicladores y productores,
- y entre los propietarios-usuarios de los bienes y los gestores de recursos (residuos) al final de la vida útil.

La prevención de residuos forma parte de la optimización del uso de los bienes en la Economía Industrial Circular, mientras que la gestión de residuos es la fase final de la Economía Industrial Lineal de "tomar, fabricar, VENDER, consumir y eliminar". Cuando los costes de eliminación se vuelven relevantes para los productores de la Economía Industrial Lineal, por ejemplo, a través de una Obligación Ampliada del Productor (EPL)[NT5], los productores tienen un fuerte incentivo financiero para evitar estos costes de gestión de residuos al final de la vida útil (vea el capítulo 6). Pasar de la gestión del flujo productivo a la gestión de las existencias, es actualmente una estrategia para que los productores reduzcan sus costes a lo largo del ciclo de vida.

En una Economía Industrial Circular, mantener el valor y la utilidad de las existencias de los bienes se rige por una máxima, la cual establece que los ciclos más pequeños -en cuanto a la ejecución y la localización geográfica-, son los más rentables y eficientes en el uso de recursos:

"reutilizar localmente lo que no está roto, reparar lo que está roto, no reacondicionar lo que puede ser reparado y no reciclar lo que puede ser reacondicionado."

0.4. ¿Qué factores externos impulsan el Economía Industrial Circular?

Existen una serie de factores externos que impulsan el crecimiento de la Economía Industrial Circular. Las regiones urbanas pueden quedarse sin vertederos para residuos de construcción, por ejemplo, y favorecer así la transformación de edificios en lugar de su demolición; o los legisladores podrían presionar para tener una menor dependencia de las importaciones de recursos o de las exportaciones de residuos por razones políticas, dando como resultado que se subsidie o legisle en favor de alargar la vida útil de los productos. Las personas también podrían desarrollar una actitud de mayor cuidado de los productos por razones sentimentales o de estatus -sólo hay que ver el número cada vez mayor

[NT5] Obligación Ampliada del Productor - Extended Producer Liability (EPL): Este término todavía no se aplica en España. Derivado de la *Ley 22/2011, de 28 de julio, de residuos y suelos contaminados*, que transpone la *Directiva 2008/98/CE del Parlamento Europeo y del Consejo, de 19 de noviembre de 2008, sobre los residuos y por la que se derogan determinadas Directivas*, actualmente se aplica la "Responsabilidad Ampliada del Productor", que en el libro se indica como Extended Producer Responsability (EPR). Se mantienen las siglas en inglés para su diferenciación.

de vehículos antiguos clásicos-, o los países podrían poner énfasis en el papel del patrimonio cultural como medio para mantener la estabilidad política.

El resultado será el incremento de negocios dedicados a la reutilización, reparación y reacondicionamiento, que, superando la capacidad de las pymes locales, posibilite las economías de escala y sirva de guía a las Economías Industriales Circulares regionales hacia procesos más industrializados -como ejemplo, se destaca el sector de textiles en alquiler-, y a los fabricantes hacia su incorporación al mercado de servicios de la Economía Industrial Circular. La formación en servicios de Economía Industrial Circular para estos recién llegados puede tomar como ejemplos a los gestores de logística existentes, tales como ferrocarriles y aerolíneas, y es un rol obvio a desempeñar por las escuelas de negocios.

Estos servicios de Economía Industrial Circular refuerzan a su vez la Economía de Alto Rendimiento[NT6] (PE, Capítulo 7), que vende bienes y partículas como un servicio, o que proporciona garantías de un correcto funcionamiento (rendimiento).

La Economía de Alto Rendimiento es el modelo de negocio más sostenible de la Economía Industrial Circular porque:

- internaliza el coste de la obligación sobre el producto, de los riesgos y de los residuos.
- ahorra en los costes de transacción.
- aumenta las oportunidades de beneficios al explotar adicionalmente a las soluciones de eficiencia (que tratan de minimizar el uso de recursos y energía):
  - » las soluciones de suficiencia (que moderan la demanda de los consumidores).
  - » las soluciones de sistemas (orientadas a mejorar el ahorro desde un punto de vista económico).
- crea seguridad a nivel corporativo y también a nivel nacional en el acceso a los recursos.

Si los productores conservan la propiedad de sus bienes, los bienes de hoy serán los recursos del mañana a los precios de las materias primas del pasado.

[NT6] Economía de Alto Rendimiento (PE) - Performance Economy (PE). No tiene traducción directa al español, por lo que se mantienen las siglas en inglés para su correcta identificación.

Las soluciones basadas en la suficiencia, no son rentables en la Economía Industrial Lineal, porque la suficiencia reduce los flujos de producción y los ingresos y ganancias resultantes. Así, ejemplos de suficiencia son el uso de ovejas en viñedos en lugar de herbicidas, hacer el envase del mismo material que el contenido -una estrategia desarrollada por DuPont para pellets de plástico-, o el uso de praderas naturales en lugar de césped, que reducen en gran medida la demanda de agua, fertilizantes y cortacéspedes.

Sin embargo, la suficiencia tiene sentido desde un punto de vista económico en los procesos de producción, como los circuitos cerrados para las aguas utilizadas durante el proceso productivo en las industrias de papel o textiles, aunque pueden requerir un rediseño de dicho proceso productivo.

Capítulo 1

Circularidad, sostenibilidad y trabajo en la Economía Circular

Los choques entre los sistemas circulares y lineales son frecuentes. Por ejemplo, cuando los pueblos indígenas que viven en los hábitats naturales y de lo que obtienen de ellos —capital o existencias de recursos naturales, con un alto valor a largo plazo—, se enfrentan a empresas madereras y geólogos que buscan depósitos de petróleo o minerales que pueden explotarse industrialmente de forma rápida y rentable. Sin embargo, estos flujos de procesos de alto valor agotarán los recursos naturales, destruyendo sus existencias. La Economía Circular (EC) es, por lo tanto, una optimización a largo plazo del valor de estas existencias, dentro de la visión de una sociedad sostenible.

1.1. Circularidad

En el siglo XVIII, la revolución industrial impulsada por la industria del hierro y el carbón permitió a la sociedad liberarse de los límites de los recursos naturales y superar la escasez de alimentos, bienes, vivienda, energía e infraestructura, poniendo fin a una sociedad circular de pobreza tan antigua como la humanidad. Las máquinas de vapor, y más tarde los motores eléctricos (s. XIX), liberaron a la humanidad de las limitaciones del trabajo animal y humano. Con la industrialización, la sociedad circular se convirtió en una Economía Circular monetizada, donde el tiempo se volvió cada vez más relevante, y con la que se introdujeron impuestos sobre el trabajo y surgió el concepto de responsabilidad sobre los productos manufacturados.

A finales del siglo XIX, el descubrimiento del petróleo abrió el camino a los motores de combustión y, a mediados del siglo XX, a multitud de fibras sintéticas y materiales artificiales producidos por el ser humano. Los "plásticos" reemplazaron lentamente a la madera y a los metales en la fabricación. El hecho de que estos nuevos materiales no existan en la naturaleza, y que la circularidad de la naturaleza por lo tanto no pueda "digerirlos", no fue motivo de preocupación.

A finales del siglo XX, esta problemática se vio amplificada por la creciente complejidad de los materiales y los procesos industriales. Las aleaciones metálicas personalizadas (diseñadas a medida) se han convertido en la norma en la producción de muchos productos, al igual que el uso de elementos naturales raros: un teléfono inteligente contiene 70 elementos de los 118 elementos químicos de la tabla periódica, a menudo en cantidades ínfimas. Como las tecnologías "Fin de línea" (implementadas en la fase final del proceso) no permiten recuperar estos átomos y moléculas para su reutilización, la mayor parte del valor económico de estos activos materiales se pierde después de su primer uso[5], a pesar de las actividades de reciclaje.

Los países industrializados de hoy han alcanzado un punto de inflexión. Después de un largo combate para superar la escasez, la Economía Industrial Lineal (EIL) ha creado mercados saturados -en exceso- para muchos productos. La producción continua ya no aumenta la riqueza, sino que sustituye la riqueza existente por la nueva. Además, los volúmenes cada vez mayores de residuos de materiales sintéticos y las nuevas combinaciones de materiales hacen que los costes de gestión de residuos sean cada vez mayores. Como estos costes son asumidos por la sociedad en general, los fabricantes no tienen incentivos económicos para controlarlos.

Es necesario llegar a una Economía Industrial Circular (EIC) moderna de abundancia para superar este problema heredado. Esto implica un cambio desde el enfoque artesanal de la Economía Circular de necesidad hacia el enfoque industrial de la Economía Industrial Circular, tanto para productos manufacturados como para materiales:

- En la era de la "R"[NT7], ciclos cerrados para productos, que permitan la reutilización de bienes y componentes con una calidad tan alta como si fueran nuevos (capítulo 4).
- En la era de la "D", ciencias de los materiales que permitan descomponer los mismos con el fin de recuperar moléculas y átomos para su reutilización (capítulo 5), con la misma pureza que los recursos originales.

---

[5] Material economics (2018) Ett värdebeständigt svenskt materialsystem (Retención del valor en el Sistema de Materiales Sueco) – Ver nota 43.

[NT7] La era de la "R" y la "D", el autor las denomina en el texto original en inglés como *"Era of 'R'"* y *"Era of 'D'"*.

La "Economía Circular" se basa en maximizar el valor de uso de las existencias. Estas existencias (también llamadas activos o capitales) pueden ser de carácter natural, humano (trabajo y habilidades adquiridas), cultural (material e inmaterial), financiero y manufacturado.

Una gestión inteligente de las existencias significa "Sostenibilidad", en el significado original del término, que es maximizar los intereses de un capital al tiempo que conserva el capital en sí.

1.2. Sostenibilidad y economía

La sostenibilidad ha sido parte fundamental de la Economía Industrial Circular:

En 1713, Hans Carl von Carlowitz, responsable de la industria minera en Sachsen, reconoció el peligro aparejado a la escasez de madera para la minería y la metalurgia, y llegó a la conclusión de que sólo se deberían cortar anualmente tantos árboles como los que pudieran volver a crecer, manteniendo así el capital forestal[6]*. Llamó a esta política de recursos industriales "Nachhaltigkeit" ("sostenibilidad").*

Los Junkers prusianos, terratenientes y forestales, adoptaron entonces el término "silvicultura sostenible" para definir su máxima de optimizar los intereses de sus bosques (animales, frutas, plantas, cubierta vegetal), mientras mantienen y mejoran tanto la cantidad como la calidad de existencias (el bosque y sus árboles, pero también la capacidad de retención de agua del suelo). Eran "capitalistas" que se preocupaban por la naturaleza porque los bosques —la naturaleza— eran su principal fuente de ingresos y riqueza.

[6] Hans Carl von Carlowitz (1713) Silvicultura económica.

Por lo tanto, el "cuidado y mantenimiento" ha sido la actitud fundamental de la sostenibilidad y la economía circular desde el principio.

"Cuidar" implica una relación personal, a menudo durante un largo período de tiempo, con los bienes (bosques, animales), con una persona (en medicina o amistad) o con un objeto (ver el libro "Zen y el arte del mantenimiento de motocicletas"[7]). Algunos ejemplos son los parques naturales, las obras y piezas que podemos encontrar en los museos, y los lugares que son Patrimonio Mundial de la UNESCO. Por el contrario, el concepto de "cuidado" está ausente en el vocabulario de la Economía Industrial Lineal.

A finales del siglo XX, la sostenibilidad fue adoptada por la ONU como un concepto político, primero en la Conferencia de las Naciones Unidas sobre el Medio Humano[NT8] en 1972, seguida de la Conferencia de las Naciones Unidas sobre el Medio Ambiente y el Desarrollo de 1992 en Río. La Declaración de Río reafirmó y se basó en la Declaración de Estocolmo, sistematizando y replanteando las expectativas de la normativa existente con respecto al medioambiente, así como planteando con audacia los fundamentos legales y políticos del desarrollo sostenible.

Hoy en día, la sostenibilidad y la Economía Industrial Circular se pueden considerar como las dos caras de una moneda, como se muestra en la Figura 3.

[7] Robert M. Pirsig (1974) Zen y el arte del mantenimiento de motocicletas.

[NT8] U.N. Conference on the Human Environment. 1972. Estocolmo. También conocida como Conferencia de Estocolmo. Aunque se ha traducido oficialmente al español como "Medio Humano", se centra en el hábitat para el ser humano y en la relación del ser humano con el entorno natural.

Figura 3: Sostenibilidad y la Economía Industrial Circular – las dos caras de la misma moneda.

El objetivo clave de la Economía Industrial Circular es mantener el máximo valor y utilidad de las existencias de bienes y materiales durante el mayor tiempo posible. El valor de uso (o de utilización) es el dividendo que obtenemos sin consumir las propias existencias[8].

La abundancia en esta Economía Industrial Circular, se mide como la suma de la calidad y cantidad de todas las existencias. El crecimiento se produce cuando la suma de la calidad y la cantidad de todas las existencias aumenta, y no cuando aumenta el rendimiento[9].

La optimización actual de la producción siempre ha incluido ciclos internos de reutilización y reciclaje para minimizar los costes. Robert Bosch, fundador y

---

[8] Una economía sostenible se basa en la gestión de existencias y se centra en el uso. El término "producción y consumo sostenibles" es un oxímoron para cualquier producto manufacturado, con la excepción de alimentos y piensos.

[9] Banco Mundial (2018) Informe sobre la riqueza de las naciones 2018.

propietario de Bosch Company en Stuttgart, era conocido por recoger clips de papel que se encontraban en el suelo de las oficinas y acusar a los empleados de "*malgastar mi dinero*". ¡La economía y la ecología se incluyen en modelos de negocios sostenibles porque la prevención de residuos también evita las pérdidas económicas!

De este modo, los residuos de producción limpios, vuelven a ser vendidos a los productores para su reutilización (R1 Reciclaje en la Figura 4), desde los bancos de trabajo de los orfebres, que cuentan con un cajón o bandeja que permite recoger las limaduras y virutas para ser vendidas posteriormente a un fundidor, hasta los residuos del proceso de extrusión de plástico.

La Simbiosis Industrial y la Ecología Industrial han orientado esta estrategia de reducción de costes hacia una cascada de flujos de utilización de recursos. Un ejemplo de ello es el uso del calor residual, una estrategia perfeccionada en el parque eco-industrial de Kalundborg, que reduce los costes de producción y evita el desperdicio "antes del Punto de Venta" (Capítulo 5). Sin embargo, estas estrategias no tienen impacto en la fase de uso de los bienes fabricados, ni en los problemas de residuos "al final de línea", por lo que difieren mucho de los ciclos de reutilización y extensión de vida útil de la Economía Industrial Circular después del Punto de Venta, y no permiten las oportunidades de la Economía de Alto Rendimiento, como la venta de bienes como servicio.

Para resumir: la Economía Industrial Circular gestiona las existencias producidas (capital físico), como bosques, ciudades, flotas de vehículos y equipos, equilibrando el uso de activos humanos, materiales, naturales y financieros. La Economía Industrial Circular permite desacoplar la riqueza y la creación de bienestar, del consumo de recursos. Los mejores resultados se obtienen a nivel local, que es donde se hallan sus clientes. Además, las actividades para alargar la vida útil son actualmente parte de una tendencia de descentralización inteligente, como la impresión 3D, la microproducción (robotizada) y la agricultura urbana.

En los casos en los que se espera que los productos sean asimilados por el medioambiente, se debe dar preferencia a los materiales biodegradables, que la circularidad de la naturaleza puede asumir, o a soluciones técnicas alternativas que no produzcan residuos, como por ejemplo el cohete Falcon 9 desarrollado por Space X. Falcon 9 es el primer cohete reutilizable capaz de aterrizar en su plataforma de lanzamiento después de una misión, evitándose así que se convierta en un residuo en el espacio.

1.3. El trabajo en la Economía Industrial Circular

Al alargar la vida útil de los bienes a través de la reutilización, la reparación, el reacondicionamiento y las mejoras, tanto tecnológicas como las ligadas a tendencias de moda, la Economía Industrial Circular sustituye la mano de obra por energía, y los talleres locales por fábricas centralizadas. Esto permite por lo tanto la creación de empleos locales y la reindustrialización de las regiones.

En la fabricación, tres cuartas partes de la energía se usan en la producción de materiales básicos, como cemento y acero, y sólo un cuarto en la producción de bienes, como edificios o automóviles. En cuanto a la mano de obra, la relación es inversa, tres cuartas partes se utilizan para producir los bienes (Stahel / Reday 1976)[10].

Esto es importante porque el factor laboral tiene una condición especial, a diferencia de los otros factores de producción[11].

El capital humano es único porque no sólo es un recurso renovable, como los árboles, sino también porque es el único recurso con una ventaja cualitativa. Su calidad puede mejorarse a través de la educación y la capacitación, pero se deteriorará rápidamente si no se utiliza. Las personas, el capital humano, son un capital clave, pero a menudo olvidado o subexplotado en cualquier economía.

La innovación y el capital humano son gemelos siameses, y las fuentes de ideas innovadoras no se limitan a los centros de Investigación y Desarrollo (I+D) o académicos. Algunos fabricantes han explotado con éxito el potencial de innovación de sus trabajadores en temas de SST y MA (Seguridad y Salud en el Trabajo, y Medio Ambiente). Ejemplos de ello son los Premios de Sostenibilidad organizados por DuPont de Nemours, o los Ferrocarriles Alemanes "Vorschlagswesen", que motivan y recompensan a los trabajadores por proponer mejoras en el ambiente de trabajo diario. En las fábricas de automóviles de Toyota se utiliza otro método para mantener la más alta calidad de fabricación, el cual

---

[10] Stahel, Walter R. y Reday-Mulvey, Genevieve (1976) El potencial de sustitución de mano de obra por energía. Informe a la Comisión de las Comunidades Europeas, Bruselas.

[11] Ver también: Schumacher, Fritz (1973) "Lo pequeño es hermoso: Estudio de economía como si la gente importara". Título original: "Small Is Beautiful: A Study of Economics as if People Mattered".

permite que cada empleado que descubra un defecto, pueda detener la línea de producción para que sea solucionado inmediatamente.

Capítulo 2

La Economía Industrial Circular (EIC) ofrece abundantes nuevas oportunidades para pasar de producir bienes a producir servicios

Recordatorio: La Economía Industrial Lineal (EIL) explota recursos naturales para producir materias primas, que luego se utilizan para producir bienes. En el Punto de Venta (PoS), los bienes se venden a clientes individuales y agentes económicos. El objetivo de este flujo de procesos o cadena de suministro, es crear valor añadido y minimizar los costes unitarios hasta el Punto de Venta. Las actividades posteriores al Punto de Venta están limitadas a la garantía y a los servicios postventa contratados, como el suministro de piezas de repuesto.

2.1. Análisis de la Economía Industrial Circular (EIC)

La Economía Industrial Circular gestiona, por un lado, las existencias de productos manufacturados, con el objetivo de mantener su valor y utilidad lo más alto posible durante el mayor tiempo posible. Por el otro, gestiona las existencias (stock) de partículas con su máximo grado de pureza y valor.

En la Figura 4 (ver páginas siguientes) se muestra la que, probablemente, es la primera representación gráfica de la Economía Industrial Circular, completada con las indicaciones correspondientes a los capítulos de este libro.

En este diagrama inicial ya se distinguen claramente los dos campos claves de la Economía Industrial Circular:

- Gestionar la utilización o la fase de uso de las existencias de bienes manufacturados y sus componentes, manteniendo el valor y la calidad de las infraestructuras, edificios, bienes de inversión, equipos y bienes de consumo duraderos en una economía local o regional.
- Mantener el valor y la calidad (pureza) de las existencias de moléculas y átomos en una economía globalizada.

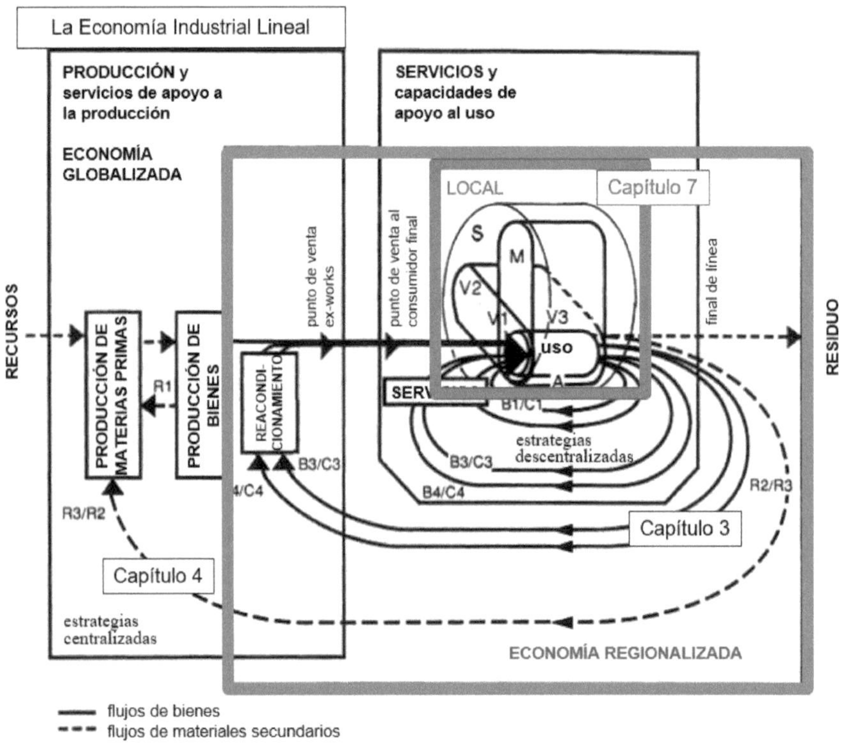

Figura 4: Situando la Economía Industrial Lineal y la Economía Industrial Circular.

Fuente: Stahel, Walter R. (1991) "Waste Minimization Case Studies for three products". "Casos de estudio de minimización de residuos para tres productos". Publicado por la Oficina de Investigación y Desarrollo de la US EPA (Agencia de Protección Ambiental de EEUU), Washington D.C. Traducido del informe de 1991 "Langlebigkeit und Materialrecycling" para el Ministerio de Medio Ambiente de Baden-Württemberg, Stuttgart.

El primer campo, centrado en la fase de uso de los productos fabricados, abre nuevas oportunidades industriales, que son de menor interés para la Economía Industrial Lineal, ya que son actividades de servicio que se consideran *no productivas*. Estas oportunidades se agrupan en este libro bajo los términos de "**la era de la 'R'**" (A, B, C) y la "**Economía de Alto Rendimiento**" (V, M, S) (las letras y los números se refieren a la fig. 4), e incluyen lo siguiente:

A. Productos de larga vida útil.
B. Prolongación de la vida útil de los bienes, mediante:
   1. Reutilización.
   2. Reparación.
   3. Reacondicionamiento a nivel local o regional.
   4. Mejoras tecnológicas a nivel local o regional.
C. Prolongación de la vida útil de los componentes, mediante las mismas vías que en el punto B.
V. Distribución / estrategias logísticas:
   1. Venta de bienes como servicio (alquiler, leasing).
   2. Uso compartido, de uso común y múltiple.
   3. Venta de monitorización de la calidad, en lugar de productos de reemplazo.
M. Bienes multifuncionales.
S. Soluciones de sistemas.

El segundo campo, que se centra en la recuperación de moléculas y átomos, permite oportunidades industriales de naturaleza similar a las de la producción de materias primas en la Economía Industrial Lineal, con altos volúmenes que permiten la especialización y las economías de escala. En este libro se agrupan bajo el término **"la era de la 'D'"**:

R. Recuperación de átomos y moléculas puros (material reciclado) a partir de:
   1. Residuos generados durante la "producción limpia"[NT9] de bienes.
   2. Materiales puros de residuos de "Final de Línea".
   3. Reciclaje de residuos mixtos de "Final de Línea".

[NT9] El término "producción limpia" (*clean production* en el original), se refiere a la aplicación de manera continuada de una estrategia medioambiental preventiva integrada, aplicada a procesos, productos y servicios, con el objetivo de incrementar su eficiencia y reducir los riesgos para los humanos y para el medio ambiente. Esta estrategia comprende acciones tales como la reducción de la cantidad de material utilizada o de la energía empleada en la producción, o la disminución de las emisiones y residuos durante la misma.

http://www.unep.fr/scp/cp/

http://siteresources.worldbank.org/INTRANETENVIRONMENT/Resources/244351-1279901011064/PSCleanerProduction.pdf

2.2. La industrialización de la Economía Circular (EC)

El cambio de una Economía Circular local artesanal a una Economía Circular regional industrial comenzó en la segunda mitad del siglo XX con el reacondicionamiento de productos originales por parte de las pymes bajo la premisa "*tan bueno como si fuera nuevo*", ofrecido como un servicio para los propietarios de los productos. Posteriormente, surgieron empresas de servicios especializadas en el reacondicionamiento de equipos (B3 y C3 en la Figura 4), como las de los componentes de automóviles o máquinas expendedoras[12,13], o los gestores de flotas de transporte (propietarios-usuarios de una gran cantidad de equipos, como las fuerzas armadas, ferrocarriles y aerolíneas), que desarrollaron sus propias actividades de mantenimiento, reparación y reacondicionamiento, incluyendo tecnologías, así como herramientas y métodos para mejorar el reacondicionado, posibilitando que a través de la mejora tecnológica se consiga una calidad "*mejor que nuevo*".

En la última década del siglo XX, los fabricantes de equipos originales (Original Equipment Manufacturers - OEM) como Xerox Corp. (fotocopiadoras), Caterpillar (motores de camiones) o Volkswagen (motores y cajas de cambios) fueron los pioneros en el reacondicionamiento de productos aplicando la mejora tecnológica como una nueva estrategia industrial, combinada con la recompra de los productos rotos y la reventa de los productos reacondicionados (Caterpillar, Volkswagen), o mediante la venta de productos como un servicio (Xerox).

En una Economía Industrial Circular madura, los dos campos de la Economía Industrial Circular de la Figura 4 se integran en uno, complementado con una Economía Industrial Lineal centrada en el desarrollo de nuevos materiales y componentes innovadores. La Figura 5 (ver página siguiente) muestra una Economía Industrial Circular madura, que utiliza un enfoque de backcasting[14], y muestra la relación con los capítulos de este libro.

[12] Lund, Robert T. (1996) The Remanufacturing Industry: Hidden Giant. Universidad de Boston.

[13] Steinhilper, Rolf (1998) Remanufacturing – the ultimate form of recycling, Fraunhofer IRB Verlag Stuttgart.

[14] "Backcasting" es lo opuesto a la predicción (*forecasting*). El observador define el resultado que desea lograr, se sitúa en esta posición futura y entonces analiza las oportunidades y los riesgos hacia atrás, desde el futuro hacia el presente.

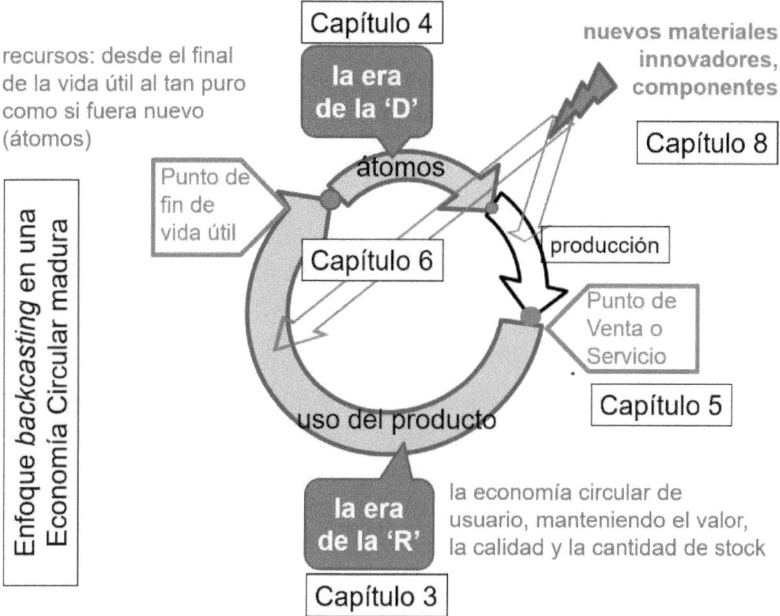

Figura 5: Una visión "backcasting" de las oportunidades actuales, desde una Economía Industrial Circular madura.

Los cuatro principios de una Economía Industrial Circular:

- Comienza en el Punto de Venta o Servicio.
- Gestiona las reservas existentes de bienes (línea de la "R") y moléculas (línea de la "D").
- Optimiza su uso.
- Está impulsado por la economía.

Las áreas clave de innovación en I + D son:

- La era de la "R": reutilización y extensión de vida útil de los bienes.
- La era de la "D": recuperación de átomos y moléculas tan puras como las originales.
- Innovación radical en materiales y componentes.

Las áreas clave de innovación en políticas son:

- Adaptar el marco de políticas mediante la eliminación de barreras a la Economía Industrial Circular.
- Cerrar el ciclo invisible de responsabilidad (capítulo 6).

Esta Economía Industrial Circular puede convertirse en la opción industrial predeterminada en una sociedad sostenible.

El impacto macroeconómico de una Economía Industrial Circular tan madura ha sido investigado por Anders Wijkman y Kristian Skanberg, en la República Checa, Finlandia, Francia, los Países Bajos, Polonia, España y Suecia. En su estudio de 2016, han calculado que un cambio a nivel nacional hacia una Economía Industrial Circular, reduciría las emisiones de GEIs en un 66% y aumentaría la cantidad de empleos a nivel nacional en más del 4%[15].

Cabe destacar que la Economía Industrial Lineal y la Economía Industrial Circular se entrelazan de varias maneras, de forma que la Economía Industrial Lineal es complementaria a la Economía Industrial Circular para mejorar las reservas existentes mediante la introducción de materiales y componentes innovadores, y para reemplazar las existencias que han quedado obsoletas o que se han deteriorado.

2.3. Algunos principios subyacentes a la Economía Industrial Circular

La Economía Circular es una mejor economía porque utiliza los recursos de manera más eficiente.

Al mantener el valor y la utilidad de las existencias durante un período de tiempo más largo, que es la característica clave que distingue a la Economía Industrial Circular de la Economía Industrial Lineal, se introduce el "Factor Tiempo" -sin límites- en la economía, asociado a la propiedad y la responsabilidad (ver fig. 14). Sin embargo, al alargar la vida útil de los productos y materiales, la Economía Circular reduce la velocidad de los flujos de recursos en la economía e

---

[15] Wijkman, Anders y Skanberg, Kristian (2016) The Circular Economy and Benefits for Society Jobs and Climate Clear Winners in an Economy Based on Renewable Energy and Resource Efficiency. https://www.clubofrome.org/wp-content/uploads/2016/03/The-Circular-Economy-and-Benefits-for-Society.pdf

impacta directamente en los volúmenes de producción, aunque también en los volúmenes de residuos al final de línea. En los mercados saturados de los países industrializados, al duplicar la vida útil de los bienes se reduce a la mitad tanto la producción como los volúmenes de residuos.

En la naturaleza, la oportunidad se encuentra en la circularidad de la materia orgánica, donde los residuos se convierten en recursos. Sin embargo, este principio de la naturaleza no se aplica a los productos y materiales manufacturados en la Economía Industrial Lineal y la Economía Industrial Circular. En este último caso, si la población tuviera la determinación y coordinación adecuadas, se podrían cerrar los ciclos físicos de productos y materiales.

Esto puede implicar cambios para sustituir la propiedad por la gestión, así como para reemplazar la legislación de "mando y control" (impositiva), por la motivación -en el sentido de St. Exupéry-. La responsabilidad -por separado- en la recepción, fabricación, venta, uso, disposición y desperdicio de la Economía Industrial Lineal tendrá que dar paso a una gestión integral o una responsabilidad por el mantenimiento de las existencias. Una Economía Industrial Circular madura necesitará, además, un "método de evaluación de la gestión" para monitorizar los cambios en la calidad y cantidad de las existencias tras múltiples ciclos, que difiere del método de "gestión de la cadena de suministro" de la Economía Industrial Lineal, utilizado para optimizar los costes de producción y que termina en el punto de Venta[16].

Como hemos visto en el apartado 2.1 de este capítulo, dentro de la Economía Industrial Circular, los dos campos clave son la gestión del uso de las existencias de los productos fabricados (era de la "R") y el mantenimiento del valor y la calidad (pureza) de las existencias de moléculas y átomos (era de la "D").

Sin embargo, existen diferencias entre ambos que deben tenerse en cuenta con respecto a la propiedad y la gestión y administración de los bienes. En este sentido, la era de la "R" está controlada por los usuarios y propietarios, tanto individuos como corporaciones, mientras que la era de la "D" está controlada por los agentes económicos a cargo de los productos al final de su vida útil.

---

[16] La gestión de la cadena de suministro, es la gestión activa de las actividades relativas a la cadena de suministro, desde el desarrollo del producto, el abastecimiento, la producción y la logística, hasta el Punto de Venta (PoS); así como los sistemas de información necesarios para coordinar estas actividades.

- La era de la "R" puede parecer no homogénea porque las existencias de productos en uso están geográficamente dispersas, tienen una gran diversidad y porque las actividades relativas a la era de la "R" abarcan desde acciones locales para objetos hechos a medida, hasta el reacondicionamiento regional de productos fabricados a gran escala.

  Para permitir la máxima conservación del valor de las existencias de bienes, los usuarios-propietarios en la era de la "R" deberían tener el derecho de reutilizar y reparar los objetos siempre que lo consideren oportuno. Este derecho está cada vez más en peligro debido a los fabricantes de equipos originales (Original Equipment Manufacturers - OEM), y a su utilización de estrategias de obsolescencia prematura en los productos.

- La era de la "D" es un ámbito adecuado para la innovación en materiales, y para las soluciones tecnológicas que permitan convertir materiales de bajo valor al final de su vida útil y obtenidos en grandes volúmenes, comúnmente denominados "residuos", en recursos de alto valor "tan buenos como la materia prima original".

  Para permitir la máxima conservación del valor de las reservas de moléculas, los propietarios de los materiales incorporados en los productos, al final de su vida útil, deben tener el deber de clasificar y desvincular dichos materiales para recuperar las moléculas de mayor pureza[17].

[17] En el caso de los materiales liberados (fugitivos), como los plásticos en los océanos, los productos podrían comercializarse mediante estrategias de alquiler de una molécula en lugar de ser vendidos, o los productores pueden ser obligados a aceptar una responsabilidad extendida del productor (REP, ver capítulo 5).

2.4. Retos de la innovación en la Economía Industrial Circular

Estos desafíos son de naturaleza holística y afectan tanto a los agentes económicos como a los legisladores.

La era de la "R" es la parte más conocida de la Economía Industrial Circular, pero falta difundir el conocimiento en los consejos de administración de las empresas y organismos oficiales, y en las aulas, instituciones académicas, instituciones de capacitación profesional y agencias de contratación pública.

La era de la "D" es un campo de Investigación y Desarrollo en gran parte inexplorado, sin fronteras nacionales. Muchas soluciones serán patentables y proporcionarán una ventaja competitiva a largo plazo para sus desarrolladores (ver capítulo 8).

La investigación en innovación sobre soluciones de sistemas y los correspondientes modelos de negocios tecno-comerciales innovadores de la Economía de Alto Rendimiento, se están quedando atrás respecto a la realidad. Las políticas nacionales que aprovechan las oportunidades sociales, ecológicas y económicas inherentes a la Economía Industrial Circular son escasas, en parte, porque la formulación de políticas está organizada en nichos, que siguen las disciplinas científicas y los sectores industriales existentes. Sin embargo, las soluciones sostenibles innovadoras son, en su mayoría, multidisciplinares y multisectoriales, y necesitan una política con una mentalidad integradora y creativa[NT10] (consulte el capítulo 6).

[NT10] Mentalidad integradora y creativa: La expresión utilizada por el autor en inglés es "*thinking outside the box*", que literalmente se traduce como "pensar fuera de la caja". Hace referencia a una manera de pensar más allá de los esquemas y planteamientos convencionales, más independiente y libre.

Capítulo 3

El ciclo de las existencias de productos físicos: La era de la "R"

El propietario decide a nivel local

Recordatorio: En la Economía Industrial Lineal, por parte de la cadena de suministros, el productor es el innovador que decide lo que va al mercado, y por parte de la demanda, el comprador tiene el rol de selección, eligiendo entre las opciones disponibles.

Dentro de la Economía Industrial Circular, la era de la "R" es más rentable y eficiente en recursos que la era de la "D" porque:

> *El valor de uso de un producto es mayor que la suma del valor de sus materiales. "Reutilizar productos" a través de prolongar su vida útil es más rentable que "recuperar moléculas" (reciclar materiales): reutilizar botellas de vidrio es más rentable y ecológico que reciclar vidrio para producir botellas nuevas.*

La era de la "R" de la Economía Circular Industrial puede parecerles a los economistas, en un principio, poco rentable, porque las existencias de productos en uso están geográficamente dispersas y tienen una gran diversidad de marcas. Sin embargo, estas desventajas están más que compensadas por las ganancias económicas debido a una entrada de recursos mínima, que es inherente a la era de la "R".

3.1. Los que toman las decisiones

En la era de la "R", los propietarios deciden cómo y durante cuánto tiempo usarán sus objetos. Los fabricantes y las pymes de servicios compiten por ofrecer las soluciones "R" para prolongar la vida útil de los productos.

Así, por ejemplo, para los teléfonos móviles, la era de la "R" se divide en dos mercados distintos:

- Los particulares que dependen de las pymes locales que ofrecen servicios de reparación, alargando la vida útil de los objetos. En raras ocasiones, los productores también ofrecen opciones de devolución, como el "intercambio estándar" para productos pequeños rotos (Walkman, teléfonos inteligentes),

- Los propietarios de empresas, principalmente los gestores logísticos, que tienen el conocimiento y la experiencia para alargar la vida útil de los productos que distribuyen. Los productores pueden ofrecer servicios periódicos de reparación y mantenimiento para productos vendidos o garantías de funcionamiento (como en el caso de los ascensores en edificios – ver apartado 7.1.).

Para la infraestructura y los edificios, numerosas pymes prestan servicios locales de reparación y mantenimiento, mientras que los productores y las grandes empresas de servicios ofrecen contratos de mantenimiento a largo plazo para los componentes. De esta forma, los productores pueden vender bienes como un servicio.

Sin embargo, los que toman las decisiones son los dueños de los productos y objetos, y su motivación para alargar la vida útil de los bienes, o para venderlos para su reutilización, es fundamental. Crear el deseo en los individuos de hacerlo es la clave para hacer de la Economía Industrial Circular de Saint-Exupéry, la opción predeterminada; y proporcionar incentivos a los propietarios de empresas en este sentido, debería ser la estrategia clave para los legisladores (ver capítulo 6).

3.2. Las características de la era de la "R"

La era de la "R" de la Economía Industrial Circular tiene como objetivo mantener la infraestructura, los edificios, los equipos, los vehículos, los bienes y otros objetos manufacturados y sus componentes, con la máxima capacidad de utilización y valor de uso en todo momento (fig. 6, ver página siguiente).

Sin embargo, para maximizar el valor de uso de las existencias fabricadas a lo largo del tiempo y el espacio es necesario seguir algunas reglas:

- La Economía Industrial Circular trata sobre la economía, pero resulta poco intuitiva para la economía de producción (industrial), debido a que parte de que "lo pequeño y local no sólo es hermoso, sino que también es rentable", en lugar de que "lo más rentable es la producción a gran escala y global".

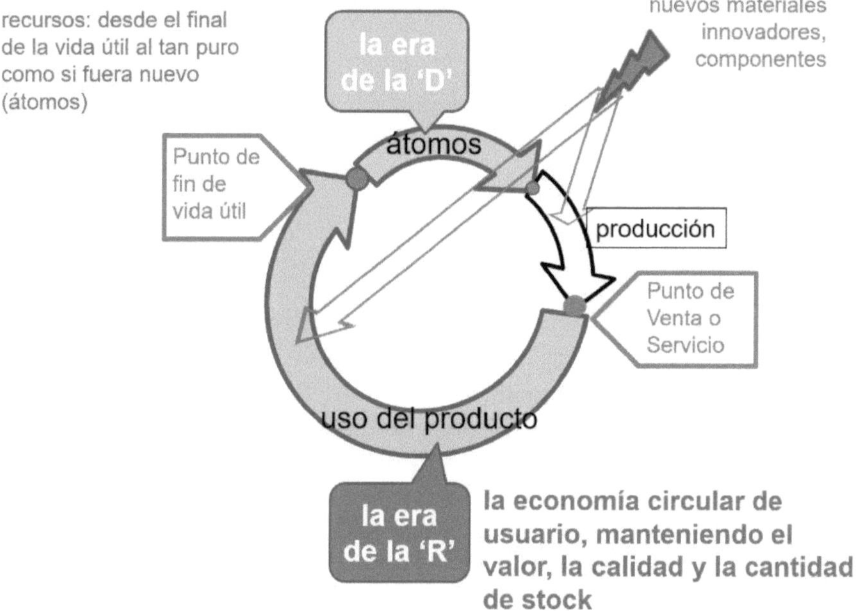

Figura 6: La era de la "R", optimizando el uso del producto mediante la reutilización y la extensión de la vida útil de bienes y componentes.

La era de la "R": Estrategias tecnológicas y comerciales para mantener los bienes y componentes en el máximo nivel de valor a través de:

- Reutilizar
- Reparar
- Remarketing
- Reacondicionar
- Re-refinar
- Reprogramar bienes, y
- **Difundir el conocimiento de la Economía Industrial Circular** - técnico y económico - en las aulas y los consejos de administración, en instituciones académicas y de capacitación técnica, y en las nuevas profesiones "R".

- Cuanto más pequeños son los ciclos, más rentables y eficientes son en el uso de recursos (el principio de inercia)[18]: *"No repare lo que no esté roto, no reacondicione algo que pueda repararse, no recicle un producto que pueda ser reacondicionado".*
- Cuanto menor es la velocidad de los ciclos, más eficientes son en el uso de recursos, debido a la ley de intereses compuestos inversos[19] y a la segunda ley de la termodinámica.
- Los ciclos no tienen principio ni final: los recién llegados pueden incorporarse a un ciclo en cualquier punto.
- La Economía Industrial Circular sustituye la mano de obra por energía y recursos mediante la gestión de existencias de productos manufacturados, mientras que la Economía Industrial Lineal sustituye la energía (maquinaria) por mano de obra mediante la gestión de los flujos de producción.

La era de la "R" es:

- **Moderna:** Parte de una tendencia general de descentralización inteligente del siglo XXI[20], que abarca la producción y el uso. Ejemplos de ello son la impresión 3D (para producir piezas de repuesto baratas en el momento justo en que se necesiten), la producción local (micro-cervecerías, micro-panaderías, micro-hidroelectricidad, energía solar fotovoltaica), la fabricación descentralizada de robots, la agricultura urbana, o los dispensadores de refresco de los pubs o para los hogares. Todos ellos son locales y descentralizados, al igual que los servicios de la era de la "R".
- **Rentable económicamente:** Porque las actividades de la "R" para bienes producidos en serie son, en promedio, un 40% más baratas que los productos equivalentes recién fabricados con los que compiten. Esta relación es aún mayor cuando se tienen en cuenta los costes externos no

---

[18] Stahel, Walter (2010) the Performance Economy. Este "principio de inercia" se aplica a los productos y sus componentes: reemplace o trate sólo la parte más pequeña posible para mantener el valor económico existente de un sistema técnico.

[19] Principio de compuesto inverso: ver apartado 6.5.

[20] Un término utilizado por primera vez por el profesor Heinrich Wohlmeyer en Austria.

productivos, ya que las actividades de la era de la "R" no están sujetas a costes de compliance[NT11] (prueba de ausencia de trabajo infantil, minerales de conflicto, pérdida ambiental), impuestos sobre el carbono o aranceles de importación.

Como los métodos "R" difieren de los utilizados en la Economía Industrial Lineal, la innovación de los sistemas puede aumentar sustancialmente la rentabilidad. Prueba de ello es el cohete Falcon 9 reutilizable de Space X, comentado anteriormente en el Capítulo 1.

- **Ecológicamente deseable:** Porque las actividades de la era de la "R" conservan la mayoría de los recursos incorporados (energía, materiales y agua), consumen pocos recursos y generan pocos desperdicios. Como son locales, no necesitan ser transportados a grandes distancias -requiriendo almacenamiento intermedio-, ni tampoco centros comerciales ni packaging[NT12] llamativo.

  Debido a que las actividades de la era de la "R" no dependen de la publicidad global, son invisibles y silenciosas, a diferencia de la Economía Industrial Lineal. Las formas innovadoras de llegar a los propietarios de los productos, ganarán importancia en el cambio de una Economía Circular a una Economía Industrial Circular.

  El profesor Steinhilper, estimó que el potencial de ahorro de energía a nivel mundial en 1998 a través del reacondicionamiento, sería el equivalente a la gasolina de 350 portadores de petróleo crudo y a la electricidad producida por 8 plantas nucleares.

- **Socialmente viable:** Porque las actividades de la era de la "R" son servicios que requieren mucha mano de obra, y que se realizan mejor a nivel local donde se encuentran los clientes. Estas actividades requieren mano de obra cualificada, que sepa valorar las mínimas intervenciones que son necesarias

---

[NT11] Compliance: En el contexto corporativo, este término hace referencia a las actividades de cumplimiento, identificando los riesgos operativos y legales, para prevenirlos y establecer códigos éticos internos. Se mantienen el término en inglés para su correcta identificación. http://www.worldcomplianceassociation.com

[NT12] Packaging: Este término hace referencia al envase, embalaje, envoltorio…, y a la industria dedicada a producirlos. No es un término aceptado todavía por la RAE, por lo que se mantienen el término en inglés para su correcta identificación.

(el principio de inercia). Dependen, en parte, de los "Trabajadores Plata"[21] que conocen la tecnología tradicional y fomentan una actitud de cuidado hacia los bienes por parte de los propietarios y usuarios, y que está ausente en la Economía Industrial Lineal.

- **Requiere mucha mano de obra y, además, especializada:** Porque cada fase de las actividades "R", implica una actitud de cuidado hacia el bien producido: desde la recolección no destructiva y la preservación del valor en el desmantelamiento de los componentes de los bienes usados, hasta el análisis de las opciones de reparación o reacondicionamiento de cada componente extraído, que exige un criterio cualitativo. Desarrollar métodos de reparación y reacondicionamiento baratos e innovadores para componentes tradicionalmente tratados como residuos es el último desafío de la ingeniería para maximizar los beneficios en el reacondicionamiento de productos.

  En los edificios, en torno al 25% de la mano de obra, y el 80% de los recursos consumidos para construir esa estructura, se emplean en los elementos que soportan la carga, y se utiliza el resto en las fijaciones y equipamientos. La restauración de edificios (el cambio de fijaciones y equipamientos) ahorra la mayoría de los recursos incorporados en la estructura, pero puede necesitar tanta mano de obra como la construcción inicial.

3.3. Los cimientos de la era de la "R" son la confianza, las habilidades y las personas, el valor económico y el ahorro

Las habilidades individuales y la percepción del valor maximizan las ganancias económicas en la Economía Circular: "*Los anticuarios compran piezas y venden antigüedades*". En la Economía Industrial Circular, se necesita investigación en el ámbito financiero para descubrir las ventajas competitivas de la era de la "R", que hoy en día sólo son conocidas por los expertos: por ejemplo, el retorno de la inversión (ROI) de una planta de reacondicionamiento es 5 veces el ROI de una planta que fabrica los mismos objetos, tal como ocurre con los motores diésel.

[21] Trabajadores de edad avanzada con las habilidades y conocimientos de tecnologías y objetos del pasado.

La formación profesional práctica se facilita mediante la reparación de productos rotos porque (con la excepción de los objetos del patrimonio) se basa en objetos de valor cero. Si un alumno en prácticas "destruye" un objeto al final de su vida útil, la experiencia se adquiere y sólo se pierde su labor.

Cabe resaltar que las consideraciones económicas son decisivas para la mayoría de los propietarios. Es por ello que, el desarrollo de métodos innovadores de reparación y reacondicionamiento para componentes destinados a convertirse en residuos, es el mayor desafío de la ingeniería para aumentar el atractivo de las actividades "R", reduciendo los costes y maximizando los beneficios.

En este sentido, la viabilidad económica de las actividades "R" se beneficia del síndrome "pars pro toto"[NT13], que es especialmente notable para vehículos complejos hechos a medida, tales como ambulancias, bomberos, aviones (el "Airforce One" tiene 30 años), y bienes inmuebles como infraestructuras, centrales eléctricas, edificios:

> *En la mayoría de las situaciones de reparación, sólo algunos componentes vitales están desgastados o rotos, como la junta de goma de un frigorífico o el motor de un vehículo. Reparar o reacondicionar este componente permite mantener el valor del objeto completo: la parte salva el conjunto.*

Por ejemplo, el cambio de las ventanas de los edificios antiguos permite actualizar todo el edificio a los estándares modernos de aislamiento de energía, como se demostró en el edificio "Empire State Building"[22].

Las limitaciones en el tiempo y el espacio se pueden superar por medio de la revalorización a distancia[23]: Es posible comercializar de nuevo los objetos que no tienen más valor de utilización en una ubicación concreta, trasladándolos a una región geográfica diferente (las máquinas de escribir mecánicas aún encuentran compradores en áreas sin electricidad) y observando los cambios en los mercados (siguiendo con el ejemplo de las máquinas de escribir, en comunicaciones escritas de absoluta confidencialidad, las máquinas de escribir mecánicas tienen una gran demanda porque no pueden ser víctimas de hackers informáticos).

[NT13] La frase ***pars pro toto*** proviene del latín y significa "(tomar) una parte por el todo"

[22] La remanufactura del Empire State Building fue diseñada y ejecutada por el Instituto de las Montañas Rocosas y citada en una publicación de la Fundación Ellen MacArthur.

[23] Stahel, Walter R. (1982) "The Product-Life Factor".

Hoy en día, el conocimiento de la era de la "R" existe en las pymes y en los gestores logísticos, que son expertos en la reutilización, reparación y reacondicionamiento por razones económicas egoístas, pero falta en las instituciones académicas, las agencias de contratación pública y la industria manufacturera. El mayor desafío para los responsables políticos puede ser, por tanto, difundir el conocimiento (técnico y económico) de la Economía Industrial Circular en las aulas y los consejos de administración, en las instituciones académicas y de capacitación técnica, y en las agencias de contratación pública. Para la Economía Industrial Circular se necesitan gestores y trabajadores con una comprensión holística de los sistemas, como el restaurador de vehículos (una profesión emergente en la era de la "R"), mientras que la Economía Industrial Lineal depende de una educación especializada por "nichos".

3.4. Dándole forma a la era de la 'R'

Las actividades de la era de la "R" son de una gran diversidad: pueden o no implicar un cambio de propiedad, y por otra parte los costes de transacción varían enormemente. Algunos fabricantes de bolígrafos, ropa, equipaje (Eastpak), encendedores (Zippo), ofrecen una garantía de por vida -sus distribuidores repararán los productos rotos de forma gratuita-. Algunos gestores de flotas guardan "en el cajón" productos no utilizados para un uso futuro (por ejemplo, buques de guerra de la Armada de los EEUU) o para disponer de un suministro barato de piezas de repuesto (aeronaves).

La reutilización "tal como está", la recomercialización y la readaptación son rentables, ecológicas y omnipresentes:

- Los billetes y monedas han sido intercambiados entre personas durante siglos. Los particulares y los actores económicos comercian en mercados de segunda mano y en plataformas virtuales como eBay.
- La reutilización en la industria de la construcción es común en los edificios temporales, que utilizan sistemas de edificios modulares o estructuras inflables, desde los puentes Bailey de la II Guerra Mundial[NT14] hasta los edificios modernos hechos de contenedores prefabricados apilados.

[NT14] Los puentes Bailey son un tipo de puente portátil prefabricado diseñado para uso militar.

- Los gestores logísticos han desarrollado oficinas de reventa para objetos y materiales que ya no les son necesarios, y que van desde edificios y parcelas de terrenos hasta excedentes de existencias de repuestos y vehículos usados. Por ejemplo, DB Resale -propiedad de DB, la empresa de Ferrocarriles Alemanes- vende cualquier objeto o material que ya no se necesite o que se haya vuelto obsoleto.
- La recompra de productos usados por parte de fabricantes de equipos originales y distribuidores para la limpieza y reventa es cada vez más popular. Dan testimonio de ello los fabricantes de muebles como USM e IKEA, algunos fabricantes de sillas en los EEUU y Europa, y las prendas de vestir provenientes de empresas textiles en el Reino Unido.
- Compañías como Rent-a-Wreck[NT15] compran vehículos usados y los aprovechan de forma exitosa con un mantenimiento mínimo, como vehículos de alquiler barato, pero rentables.
- Los proyectos de reutilización y conversión van desde una plataforma de perforación petrolera en desuso en Rusia, transformada en plataforma de lanzamiento de cohetes "Sea Launch", hasta las aerolíneas que convierten aviones de pasajeros -que ya no estén "de moda" entre los clientes-, en aviones de carga, a una fracción del coste de los aviones de carga nuevos.
- La reconversión de estructuras construidas está muy extendida, desde el estadio olímpico de Barcelona de 1912, que fue reutilizado para los Juegos Olímpicos de 1992, y su plaza de toros convertida en un centro comercial, hasta la transformación de dos fortificaciones de la II Guerra Mundial, situadas en los Alpes, en unas modernas instalaciones de almacenamiento de datos.

[NT15] Rent-a-Wreck – "Alquila chatarra". Al tratarse de una empresa, se ha mantenido el nombre original en el texto.

La reparación concierne tanto al capital humano como al manufacturado:

- Alrededor de 1720, Pierre Fauchard en París sugirió que reparar los dientes tenía más sentido que sacarlos. Como resultado, París se convirtió en el centro mundial de ciencias dentales durante décadas.
- Numerosas pymes locales ofrecen servicios comerciales de reparación para prendas de vestir, vehículos, neumáticos, productos electrónicos y la mayoría de los equipos mecánicos y electromecánicos. Muchos de estos servicios, están más implantados en regiones industrialmente menos desarrolladas que en países con mercados saturados.
- Patagonia dispone de talleres móviles de reparación, que viajan a eventos de esquí o montañismo y reparan ropa de exterior de forma gratuita.

El reacondicionamiento es el Rolls-Royce de la era de la "R", pero su importancia es difícil de comprender debido a la gran variedad de actividades que abarca. El catedrático Lund descubrió que las operaciones de reacondicionamiento requieren mucha mano de obra y dependen de forma crítica del suministro de esta mano de obra, y del suministro estable de los productos (objetos usados) a un coste razonable[24]. El programa de transbordadores espaciales de la NASA, demostró que el reacondicionamiento hizo posible durante 30 años la mejora de los mismos con soluciones de tecnología punta. Los mayores expertos del reacondicionamiento innovador son los gestores logísticos, como las fuerzas armadas, los gestores de ferrocarriles, de aerolíneas y de instalaciones, aunque sólo son conocidos por la gente que trabaja en estos sectores:

- El reacondicionamiento de objetos hechos a la medida es ampliamente superior económicamente a los "nuevos" (hasta un 80%), además de ahorrar la mayoría de los recursos que se destinarían a la fabricación. Los camiones de bomberos, ambulancias, faros marítimos, cruceros, aviones y trenes son ejemplos típicos.

---

[24] Lund, Robert T. (1996) "The Remanufacturing Industry: Hidden Giant". Boston University.

- El reacondicionamiento de objetos producidos en masa sometidos a desgaste y roturas, tales como motores de combustión, cajas de cambios y hardware de TI al final del arrendamiento, permiten un flujo regular de productos usados, y también economías de escala y ahorros de costes de alrededor del 40% en comparación con los bienes nuevos equivalentes. Smith y Keolian descubrieron que el reacondicionamiento de motores de automoción reducía el consumo de material, las emisiones de GEI y los residuos, entre un 50% y un 85%[25], en comparación con la fabricación de motores nuevos.
- La calidad de los productos reacondicionados puede ser "mejor que nuevos" por varias razones, como la mejora en los materiales a través de factores metalúrgicos inherentes al uso (estabilidad del bloque del motor), o la actualización de los procesos tecnológicos (por ejemplo, el rectificado de rieles tiene una tolerancia diez veces menor que la de los procesos siderúrgicos). En otros casos, el reacondicionamiento es una condición necesaria para mantener la calidad de uso de los objetos, por ejemplo, el sonido de los instrumentos Stradivarius.
- La velocidad puede ser una ventaja vital del reacondicionamiento: la mayoría de los acorazados hundidos en el ataque a Pearl Harbor fueron reflotados, reacondicionados in-situ y puestos en funcionamiento un año después del ataque. El reemplazo de componentes obsoletos permite actualizar rápidamente los objetos existentes a una tecnología de última generación, con un consumo mínimo de energía y materiales, y además generando menos residuos.

Re-refinado y regeneración: los productos catalíticos, como los aceites lubricantes y los solventes, pueden recuperarse a su calidad original, con reducciones de las emisiones de CO2 que oscilan entre el 50% y el 95%, en comparación con los recursos vírgenes[26].

---

[25] Smith, VM and Keolian, GA (2004) "The value of remanufactured engines, lifecycle environmental and economic perspectives". Journal of Industrial Ecology, 8(1-2) 193-222.

[26] "Carbon footprints of recycled solvents, comparison of CO2 emissions between virgin and regenerated solvents". European Solvent Recycler Group. Estudio de huellas de carbono de disolventes reciclados, comparación de las emisiones de CO_2 entre disolventes vírgenes y regenerados, para el Grupo Europeo de Recicladores de Disolventes.

Reprogramación: los microchips diseñados para ser reprogramados, permiten actualizar el hardware de TI -bien online o en tiendas especializadas-, en lugar de reemplazarlo, preservando los recursos estratégicos y evitando el desperdicio.

Mejora tecnológica y de sistemas: al agregar a los productos ya existentes nuevos componentes, o al reemplazar algunos de sus componentes por otros, los productos pueden mejorar su calidad y funcionalidad:

- Los micromotores y baterías de última tecnología convierten las bicicletas mecánicas en eléctricas.
- Los nuevos espejos y bombillas, posibilitan que los faros (marítimos) antiguos se conviertan en faros de última generación, sin cambiar la estructura de los mismos.
- El uso de "coldzymes (enzimas que actúan en frío)"[27] en lugar de enzimas tradicionales, ahorra el 80% de la energía utilizada por las lavadoras "tradicionales".
- La conversión de motores diésel a gas natural comprimido (GNC) reduce las emisiones de CO_2 en un tercio, y también reduce las emisiones de NOx y partículas casi por completo.

Mejoras tecnológicas y de sistemas: permiten modernizar el aspecto de los productos (textiles, automóviles) y facilita el *remarketing* a un precio elevado.

[27] Las lavadoras de ropa tradicionales usan el 90% de la energía para calentar el agua. Las enzimas recogidas en los Alpes y la Antártida trabajan en agua fría y permiten producir enzimas para "lavado en frío".

La era de la "R" es, técnicamente, la mejor área de investigación de la Economía Industrial Circular, pero la implementación de los resultados de la investigación es deficiente. Difundir este conocimiento debería ser una prioridad para los responsables políticos. Lo mismo ocurre con los factores sociales. Los productores aprendieron que comprar motores diésel rotos a un precio que dependía de la condición y el estado del motor -roto o no-, y completo -con todos los componentes o no-, creaba una actitud de preocupación por el cuidado del motor por parte de los clientes y aumentaba la rentabilidad del proceso de reacondicionamiento.

Tratar los bienes al final de su vida útil como bienes rotos o no deseados, y no como residuos, hace una gran diferencia con respecto a la sostenibilidad ambiental, social y económica de las empresas. Las características como la estandarización de los componentes, y la identificación de los materiales de los objetos, adquieren una nueva y estratégica importancia, ya que tienen una influencia decisiva en la preservación del valor y, por lo tanto, en los beneficios del responsable del reacondicionamiento.

Capítulo 4

El ciclo de las existencias de moléculas: La era de la "D"

Actores económicos que recuperan recursos

Recordatorio: en la Economía Industrial Lineal, la gestión de residuos es la última fase del proceso lineal de "tomar - VENDER - usar - tirar". La gestión de residuos es responsabilidad del propietario final de un producto, o de los municipios, y se realiza a través del reciclaje, la incineración, la disposición en vertederos o el vertido al mar. En la mayoría de los casos, el stock de recursos - los átomos o moléculas puros originales- se pierde en este proceso.

La era de la "D" de la Economía Circular Industrial gestiona los stocks de átomos y moléculas con el objetivo de mantener la calidad (pureza) y el valor de estas reservas. Sin embargo, hoy en día las tecnologías de reciclaje de materiales basadas en altos volúmenes y que obtienen poco valor de los residuos, se ven como la solución de último recurso -desde una perspectiva de "ojos que no ven, corazón que no siente"- para deshacerse de los productos al final de su vida útil, con el objetivo de minimizar los costes, o quizás por la ausencia de otras tecnologías más apropiadas. Mantener el valor económico, y como recurso, de estos materiales, aún no es prioritario[28].

Para que cualquier actividad de la era de la "D" sea efectiva, deben cumplirse tres condiciones:

- Una transición segura desde el uso del producto hasta el punto en que finaliza su vida útil (fig. 7),
- Una clasificación minuciosa que permita obtener fracciones de material limpio, y
- Una propiedad y responsabilidad continuas para los productos y los materiales incorporados.

Cuando éste no es el caso, por ejemplo, porque los materiales se dispersan (desgaste de goma de los neumáticos, microplásticos en cremas solares) o bien

---

[28] Material economics (2018) Ett värdebeständigt svenskt materialsystem (Retención del Valor en el Sistema de Materiales Sueco) - Ver nota 43.

porque se eliminan deliberadamente en el medio ambiente (como los recipientes metálicos para bebidas), la mayoría de estos productos y materiales fabricados causarán un impacto ambiental prolongado, como los plásticos en los océanos. La circularidad natural sólo puede degradar materiales naturales, como el hierro, la madera o la lana, en condiciones favorables.

4.1. Los que toman las decisiones

Cuando se llega al final de la vida útil del producto, la decisión para escoger la opción de mayor valor depende de una combinación de marcos legales sobre residuos, y del funcionamiento de los mercados entre los propietarios de los bienes usados (gestores de residuos/recursos), y los agentes económicos de la era de la "R" y la era de la "D".

Para los particulares, la opción de reutilización o la de *remarketing* implican sustanciales esfuerzos personales en tiempo, espacio, económicos y legales. Las tareas de recogida y gestión, por el contrario, pueden delegarse en los municipios en la mayoría de las áreas urbanas. Los municipios elegirán entre las opciones de reutilización y reciclaje, o por el contrario, ignorarán el problema de los residuos, según sean las prioridades políticas y los criterios de costes. En las zonas pobres del Tercer Mundo, la era de la "D" no será una prioridad en la pirámide de las necesidades humanas de Maslow.

Para los gestores de recursos usados/residuos, la búsqueda de máximos beneficios puede verse obstaculizada por obligaciones legales, como la de destruir objetos y reciclar materiales, incluso si se pudieran lograr mayores ganancias económicas y un menor deterioro ambiental mediante el *remarketing* de productos o componentes al mejor postor (OEM o la era de los actores 'R'), al final de la vida útil de los mismos (ver también fig. 8).

Se deberán pues, crear primero los mercados entre los gestores de recursos usados (propietarios de los bienes usados) y los compradores potenciales de la era de la "R", ya que para la mayoría de los bienes y componentes usados no existen actualmente. Hay excepciones como Vetrum[29], pero son raras incluso en países altamente industrializados.

[29] Vetrum: Recuperación de botellas de vidrio a partir de residuos para su reutilización. Vetrum AG es la empresa suiza líder en clasificar, lavar y probar botellas de vino: 7000 botellas por hora, 16 millones por año. Más de 130 municipios y organizaciones del este de Suiza envían a Vetrum las

4.2. Las características de la era de la "D"

En el caso de que los productos fabricados o sus componentes no puedan reutilizarse, la mejor opción es recuperar las reservas de átomos y moléculas en el momento de su máxima utilidad y valor (pureza) para su reutilización (fig. 7, ver página siguiente). Esto requiere tecnologías y procesos para clasificar los residuos mezclados (domésticos) en fracciones limpias según los materiales, y desagregar los productos usados en fracciones separadas de materiales altamente diversificados (por ejemplo, cinco fracciones de aluminio diferentes) para permitir la recuperación de átomos y moléculas puras[30].

La relación entre la era de la "D" de la Economía Industrial Circular y la sostenibilidad se muestra a continuación:

- **En términos económicos,** las moléculas recuperadas están en competencia de precios -en los mercados de productos básicos- con los recursos vírgenes, que suelen tener una alta volatilidad de precios. Sin embargo, los materiales "D" tienen costes fijos altos, debido a la recogida por separado. Si los propietarios de bienes usados conservan la propiedad del material, la recuperación de las moléculas tiene menores costes de transacción y cumplimiento[31] en comparación con los recursos vírgenes, ya que no tienen impuestos al carbono ni aranceles de importación.

  Pero en muchos casos, primero se deben desarrollar las tecnologías para recuperar estas moléculas con una pureza "como si fuera nuevo". Como estas tecnologías a menudo diferirán de las utilizadas en la producción de recursos vírgenes, el "cierre del ciclo" requerirá considerables inversiones iniciales en I+D (capítulo 8).

---

botellas de vino que recogen de los consumidores para su reutilización, y más de dos tercios de las botellas recibidas se pueden lavar y revender (*remarketing*). El volumen de negocios aumentó de 1,2 millones de botellas en 1992 a 7 millones en 1998, y desde entonces se ha triplicado. El beneficio financiero se ha duplicado en los últimos 5 años. Para un tercio de las botellas, el *remarketing* no es factible y se reciclan. Stahel, Walter (2010) "La economía del rendimiento", p. 237.

[30] Presentación de la ponencia de Daniel Müller (2018) en la Conferencia de Economía Circular de SINTEF, Trondheim, 31 de mayo 18.

[31] Los costes de cumplimiento (*compliance*) surgen, por ejemplo, al establecer certificados para demostrar que, en la obtención de los recursos y materiales básicos adquiridos para la producción, no ha existido trabajo infantil, que los minerales no proceden de zonas en conflicto, y que no ha habido deterioro ambiental, en la minería o la silvicultura.

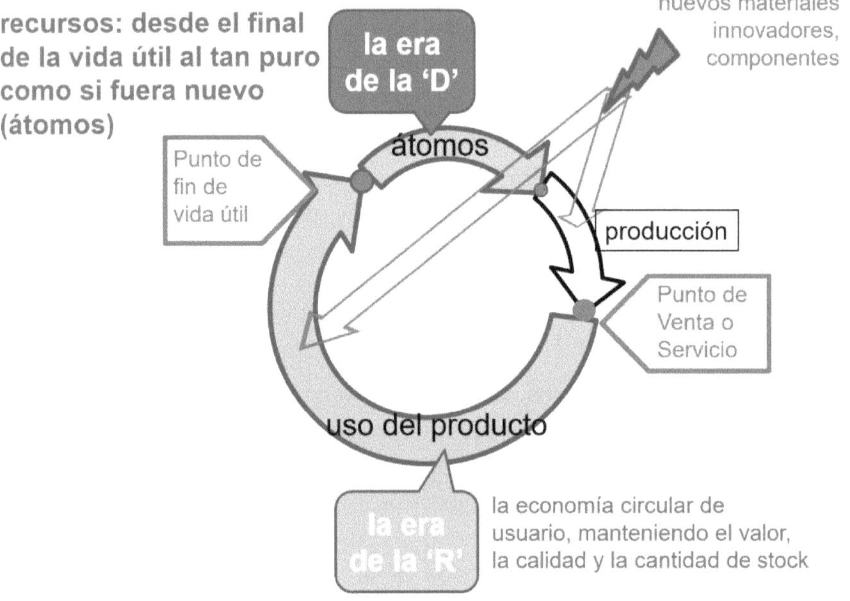

Figura 7: La era de la "D", que recupera átomos y moléculas de los bienes al final de su vida útil como recursos tan puros como si fueran nuevos.

La era de la "D": Tecnologías y acciones para recuperar átomos y moléculas en su máxima calidad (de pureza y valor) – "tan puro como si fuera virgen":

- Des-polimerizar,
- Des-hacer/mezclar,
- Des-laminar,
- Des-vulcanizar,
- Des-recubrir los materiales,
- Desmantelar edificios de gran altura y grandes infraestructuras.

- **En términos ambientales,** la recuperación de las moléculas usadas generalmente evita los residuos de la minería y reduce el consumo de agua y energía, así como el deterioro ambiental asociado con la producción de recursos vírgenes[32].

  Las distancias de transporte entre la fuente de las moléculas recuperadas y el sitio de su reutilización pueden ser considerablemente más cortas que para los recursos vírgenes. Sin embargo, muchas tecnologías "D" favorecerán los procesos globales de grandes volúmenes, que involucran el transporte a larga distancia entre las ubicaciones de los residuos y el proceso de recuperación. Cuanto mayor sea el número de mezclas, menores serán los volúmenes por fracción y más largas serán estas distancias de transporte. Es el caso del aluminio recuperado de latas, edificios, equipos y del aluminio fundido procedente de automóviles[33]. Una recuperación de mayor calidad generará un mayor deterioro ambiental en la era de la "D", si no se lleva a cabo una reducción en la diversidad de los materiales utilizados en la producción, por ejemplo, a través de una estandarización de las aleaciones metálicas usadas.

- **El principal aporte de mano de obra cualificada en la era de la "D" estará en el comercio** – la nueva función del mercado entre los propietarios de bienes usados, los compradores de la era de la "R" y los compradores de la era de la "D"- y en la tecnología, en los esfuerzos previos en I+D para identificar y desarrollar procesos tecnológicamente innovadores que permitan recuperar moléculas puras. Ambas actividades se pueden realizar a nivel global, dondequiera que se disponga de mano de obra cualificada e inversión. Esto último puede llevar a soluciones patentables, y a adquirir las características de procesos industriales automatizados de grandes volúmenes.

---

[32] Los materiales vienen con una carga múltiple (mochilas) de residuos mineros y deterioro ambiental. Estas cargas difieren para cada material y son las más altas para metales raros como el oro (con una "mochila" de 500 000), y las más bajas para plásticos (con una "mochila" de 0,1). El capital manufacturado en forma de infraestructura, edificios, bienes y componentes tiene cargas individuales acumuladas de todos los materiales y energías que integran, las cuales deben calcularse individualmente.

[33] Presentación de la ponencia de Daniel Müller (2018) en la Conferencia de Economía Circular de SINTEF, Trondheim, 31 de mayo 18.

4.3. Los cimientos de la era de la "D" son la I+D, la tecnología, el conocimiento y las personas

El desafío está en superar la actitud actual de "solución de último recurso" hacia los problemas asociados a los residuos, abandonando el concepto de recursos secundarios mixtos, y aprovechando las oportunidades de recuperación de recursos moleculares puros. Como parte de la gestión de residuos, el reciclaje de mezclas de materiales puede ser una cosa del pasado. De hecho, China, el mayor reciclador, prohibió en 2017 la importación de materiales mixtos para su reciclaje.

Los agentes industriales innovadores deberían dirigir la era de la "D". Las oportunidades en la ciencia y la tecnología para recuperar átomos y moléculas, son casi ilimitadas en una competencia internacional abierta, y muchas de las soluciones obtenidas seguramente serán patentables. En este sentido, los gobiernos juegan un papel importante en la penalización de las mezclas de materiales que no puedan ser eliminadas. Sin embargo, las nuevas soluciones y tecnologías "D" surgirán de la investigación industrial a través de:

- Des-polimerizar plásticos, que actualmente se realiza en cierta medida para nylon y polímeros fluorados (PTFE), o para re-extruir HDPE usado.
- Des-mezclar los metales (deshacer las aleaciones), la presencia de Ni, Cr o Cu en el acero reduce la calidad y el valor económico del acero obtenido.
- Des-laminar los compuestos de fibra de carbono, que se utilizan cada vez más y en mayores volúmenes en la producción de aeronaves, automóviles y palas de aerogeneradores. Actualmente, no existen tecnologías para desvincular los compuestos y recuperar el material.
- Des-vulcanizar los neumáticos para recuperar caucho y acero. Existen varias tecnologías, pero su comercialización se ve obstaculizada por la existencia de subsidios para incinerar neumáticos usados.
- Des-recubrir los objetos (separar el recubrimiento), existen tecnologías para quitar la pintura del fuselaje de las aeronaves utilizando CO_2 comprimido o chorros de agua en lugar de productos químicos, donde el agua de proceso se filtra y se reutiliza.
- Desmantelar edificios de gran altura e infraestructura importante, como el Hotel Intercontinental en Tokio, que fue desmantelado con éxito. Un número cada vez mayor de molinos de viento marinos, embalses de agua

y centrales nucleares se retirarán de servicio en los próximos años y deberán ser desmantelados.

Alrededor del 80% de los recursos consumidos para construir una estructura están incorporados en el armazón que soporta la carga. Cuanto más alta es la estructura, más energía se necesita para elevar los materiales. Esta energía usada en la elevación, puede recuperarse durante la bajada de los componentes y materiales siguiendo un proceso de desmantelamiento inteligente.

Dado que muchos de los materiales no tienen ningún valor al final de su vida útil o incluso un valor negativo, la pregunta que surge es quién debe hacerlo y quién debe pagarlo.

La recuperación de átomos o moléculas puros es factible y está establecida para unos pocos materiales como el oro, la plata y el cobre. Cuando no es el caso, las soluciones preventivas al inicio del ciclo productivo son más eficientes desde el punto de vista ambiental, que las soluciones para su disposición al final del ciclo. Si la prevención es imposible, en algunos casos se pueden desarrollar tecnologías rentables, por ejemplo, para recuperar el fósforo puro de las aguas municipales y el oro de las corrientes de aguas residuales industriales. Este apoyo a la era de la "D" también podría provenir de la producción, donde la investigación en tecnologías mono-material ya está en marcha en los sectores de electrónica y fotónica[34].

La mano de obra en la era de la "D" depende, en gran medida, de la elección de preservar el valor de los objetos al final de su vida útil, como se muestra en la Figura 8 (ver página siguiente). La opción para conservar el máximo valor requiere procesos de recogida y clasificación no destructivos, que a su vez requieren mucha mano de obra, y que, por lo tanto, son más costosos que un camión compactador. Sin embargo, conservan un mayor valor económico de los objetos, componentes y moléculas.

Por lo tanto, los gestores de recursos (residuos) tienen una gran responsabilidad en lograr el objetivo principal de la Economía Industrial Circular,

[34] Centre for Single-Atom Electronics and Photonics (Centro para Electrónica y Fotónica Single-Atom), que forma parte del Instituto de Geofísica de ETH Zurich, junto con ETH Zurich y KIT Karlsruhe.

que es mantener al máximo nivel el valor de uso de los bienes, y en establecer una adecuada gestión para administrar los sistemas materiales de forma que se retenga el máximo valor y pureza de los átomos y las moléculas. Pero para conseguir esto, los gestores necesitan también tener libertad para poder maximizar sus beneficios económicos (fig. 8). El valor de uso de los productos usados merma su valor material, y de hecho muchos bienes al final de su vida útil tienen un valor económico negativo, ya que los costes de reciclaje son más altos que el valor del residuo. La recogida no destructiva de bienes usados, y la recogida de materiales al final de su vida útil, tales como periódicos, botellas y plásticos, que hayan sido clasificados en fracciones de materiales puros, son ambas condiciones previas para hacer estas opciones más rentables. Cuanto mayor sea el valor conservado, mayor será la ganancia del gestor de residuos.

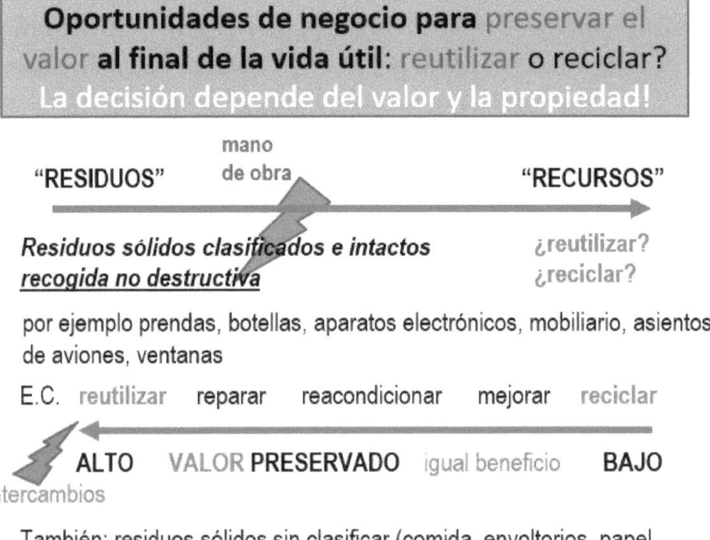

Figura 8: Oportunidades de negocio al final de la vida útil para la preservación del valor: ¿reutilización o reciclaje?

Por otro lado, la recogida no destructiva de los bienes al final de su vida útil, crea una actitud de cuidado hacia los productos en los clientes, y aumenta la rentabilidad del gestor de recursos/residuos. Tratar los bienes al final de su vida útil como productos rotos o no deseados, y no como residuos, marca una gran diferencia con respecto a la sostenibilidad ambiental, social y económica de las empresas. Las características tales como la estandarización de componentes y la identificación de los materiales de los bienes, adquieren una nueva importancia estratégica y tienen una influencia decisiva en la preservación del valor y, por lo tanto, en las ganancias de los gestores de recursos/residuos.

La circularidad en la naturaleza funciona bien con los materiales naturales, a su propio ritmo. Después de 100 años, los restos del pecio de acero del Titanic aún descansan en el fondo del Atlántico, pero la mayoría de los materiales orgánicos han desaparecido. Para los objetos manufacturados, los productores deben aceptar la responsabilidad sobre sus productos al final de su vida útil, ya que disponían de diferentes opciones para la selección de materiales en producción, así como para la elección de las estrategias comerciales de cara al Punto de Venta. Los objetos con una larga vida, como los plásticos en los océanos, resultan indeseables.

Sin embargo, una economía circular necesita mercados que funcionen, y el derecho -o el deber- de retener el máximo valor y pureza de los productos y recursos. En este sentido, la Economía Circular no difiere de la Economía Industrial Lineal, pues ambas necesitan mercados eficientes donde la oferta y la demanda puedan satisfacerse. Esto afecta tanto a los servicios para recuperar recursos puros, como a la recomercialización de bienes y componentes usados.

Las deficiencias del mercado conjuntamente con un enfoque "lineal" en el diseño de los productos, explican gran parte de la pérdida de valor actual. Los motivos de que se produzcan estas pérdidas de valor, se encuentran a lo largo de la cadena de valor de múltiples categorías de productos, así como en la forma en que se desarrolla la legislación actual.

Las empresas manufactureras tienen pocos incentivos para diseñar productos de forma que los materiales se puedan reciclar, a pesar de políticas como la "responsabilidad ampliada del productor". Por lo tanto, los productos (nuevos) imponen una externalidad negativa en la producción de materiales reciclados. Los efectos externos negativos también afectan a la obtención de materias primas, pero rara vez se reflejan plenamente en sus precios. Por otra parte, las regulaciones y los objetivos también pueden orientarse en la dirección equivocada, ocasionando que los materiales se utilicen como agregados de bajo valor[35].

[35] Material economics (2018) Ett värdebeständigt svenskt materialsystem (Retención del Valor en el Sistema de materiales sueco) - Ver nota 43.

Capítulo 5

La importancia del “Punto de Venta” (PoS) o “a puerta de fábrica”, y de la responsabilidad

Recordatorio: en la Economía Industrial Lineal, la optimización económica finaliza en el Punto de Venta (PoS), donde los fabricantes transfieren la propiedad y la responsabilidad de los productos al comprador (agentes económicos o consumidores individuales), a menudo con una garantía a corto plazo para defectos de fabricación. El marketing y la publicidad sobre los productos, y el Punto de Venta (tiendas y centros comerciales) son la parte más presente y visible de la Economía Industrial Lineal.

La Economía Industrial Circular es silenciosa e invisible: no tiene una "sala de exhibición" para sus servicios equivalentes a la publicidad de la Economía Industrial Lineal. Por lo tanto, surge la pregunta de quién debe de alabar las ventajas de la Economía Industrial Circular, tanto ante los propietarios de los bienes que toman la decisión de extender su vida útil de servicio, como ante los que eligen deshacerse de los objetos usados y reemplazarlos (fig. 9, ver página siguiente).

5.1. Sobre “juguetes” y “herramientas”, moda y funcionalidad

Para los bienes de consumo –“juguetes”- el Punto de Venta (PoS) es el eje entre la producción y el uso, de forma que los objetos producidos en la Economía Industrial Lineal que no se pueden vender, se convertirán en bienes de “vida cero” (consultar la Figura 17). Esto es cierto para cualquier objeto, desde computadoras y casas hasta centrales energéticas. El PoS es, por lo tanto, el punto donde centrar la publicidad, el marketing y, más recientemente, los "incentivadores de compra". Su mensaje es “compra”, su gancho es “el nuevo producto de consumo de moda” "más grande, mejor, más rápido, más verde". Estos se denominan "juguetes" porque su atractivo desaparece cuando aparecen nuevos objetos que cumplen la misma función. Los “juguetes” típicos son ropa, muebles, vehículos y teléfonos inteligentes, que a menudo se compran “impulsivamente”.

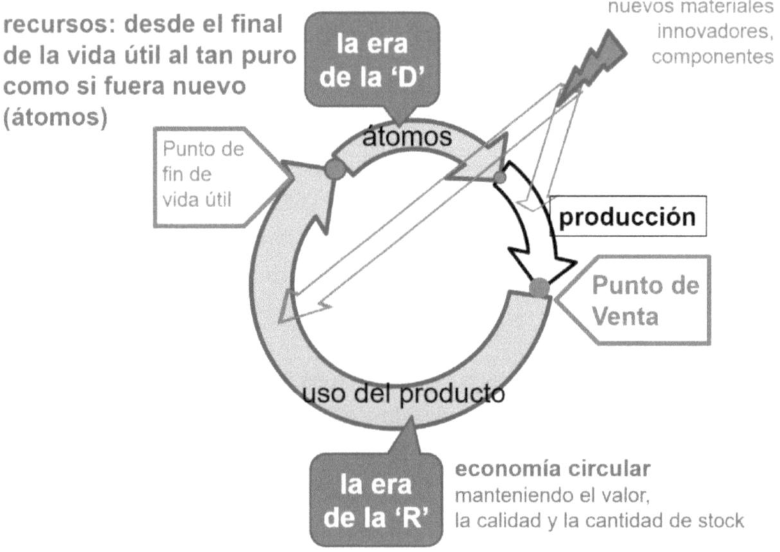

Figura 9: La posición clave del Punto de Venta (PoS), entre la producción y el uso del producto.

El Punto de Venta (PoS) separa la Economía Industrial Lineal de la Economía Industrial Circular.

Tradicionalmente, en el PoS, la propiedad y la responsabilidad se transfieren del productor al comprador del producto. Sin embargo, las tendencias legales recientes han extendido la responsabilidad del productor más allá de la "puerta de fábrica": "Nestlé mata bebés", "fumar tabaco puede matar", "el asbesto conduce a muertes prematuras de trabajadores", han sido algunos de los titulares.

Para bienes de inversión –"herramientas"-, el Punto de Venta (PoS) es el eje entre la fabricación y un uso productivo. Las ventas se guían por criterios funcionales para maximizar el retorno de la inversión esperado. Las "herramientas" típicas son los equipos operados por los gestores logísticos en la Economía de Alto Rendimiento (PE, capítulo 7), tales como compañías ferroviarias y aerolíneas, administradores de bienes raíces, fuerzas armadas, empresas de alquiler y leasing (desde equipos de producción y bienes raíces hasta automóviles), plantas, obras de arte, textiles y bolsos exclusivos. Son activos financieros, que se deprecian en concepto de impuestos, lo que puede dar un incentivo económico para prolongar su vida útil. Los gestores logísticos y otros propietarios-usuarios profesionales de estos productos tienen a menudo el conocimiento y las habilidades para reparar y mantener sus "herramientas", e incluso para reacondicionarlas. Esto los hace líderes de la Economía Industrial Circular.

Si los fabricantes conservan la propiedad de los objetos y venden sus productos como un servicio, el Punto de Venta (PoS) se convierte en la puerta de fábrica (para los bienes móviles) o en la fecha de puesta en servicio (para los bienes construidos). El Punto de Venta (PoS) es pues la nueva frontera entre los fabricantes y el uso productivo. Estos actores económicos tienen el control durante toda la vida útil de su propiedad, e internalizan todas las responsabilidades y costes por pérdidas y residuos. Además, tienen las habilidades, el conocimiento y la motivación económica para tomar medidas preventivas con el fin de extender la vida útil de sus objetos. Por todo lo anterior, integrar las oportunidades de las eras de la "R" y "D" es clave para maximizar los beneficios.

Muchos productos son objetos de "doble uso"[36], como los automóviles, ordenadores o los teléfonos inteligentes, donde el uso determina la clasificación como "herramientas" o "juguetes".

5.2. El Punto de Venta (PoS) - eje de la propiedad y la responsabilidad

En el Punto de Venta (PoS), la propiedad y la responsabilidad por el uso y el final de la vida útil se transfieren del productor al comprador, excepto por una garantía que cubre los defectos de fabricación durante un período de tiempo limitado. La propiedad de los objetos incluye el derecho de reutilización o *remarketing*, el derecho de reparación o actualización, o no.

[36] El "doble uso" normalmente se refiere a objetos que pueden usarse con fines militares o civiles.

El propietario del objeto controla el uso del objeto y decide cuánto tiempo "vivirá" el objeto, y qué servicios de la "R" se usarán para extender la vida útil de un producto, que pueden ir desde las propias habilidades para la reparación, hasta los sistemas colectivos como los "Repair cafes", ya comentados. Una actitud de cuidado hacia el producto, y el acceso a unos servicios de operación y mantenimiento (O&M) de alta calidad son importantes, ya que, al aumentar la vida útil del producto, la calidad de los servicios de O&M se vuelve más importante que la calidad de fabricación.

Si durante la fase de uso del producto, se vuelve - por cualquier razón- al Punto de Venta, la propiedad y la responsabilidad se transfieren de nuevo del vendedor al comprador del producto. El precio del producto usado se puede fijar según el valor de uso del objeto, o el valor de singularidad en artículos de colección (por ejemplo, automóviles antiguos, pinturas de Da Vinci).

Esta definición de responsabilidad cambia con la digitalización de la economía y el Internet de las cosas (IoT). Para productos inteligentes y autónomos, la propiedad tiende a dividirse entre el hardware y el software, con el productor del software tomando las riendas[37], lo que significa que los derechos del propietario-usuario del sistema podrían verse limitados, y la vida útil de los objetos interrumpida. El uso de bienes inteligentes y la IoT exclusivamente dentro de la Economía de Alto Rendimiento, donde la propiedad y la responsabilidad permanecen en el productor, evitaría este problema y pondría todos los riesgos en los productores.

Para los productos de IoT conectados, comprados por usuarios-propietarios, ya sean teléfonos inteligentes o tractores John Deere, el problema de la propiedad es confuso. Mientras que la propiedad del bien físico se transfiere, la propiedad y el control del software a menudo se queda en el fabricante. Esto viola el principio de la Economía Industrial Lineal de que los productores no tienen derechos de propiedad sobre -ni responsabilidad por- el hardware y el software después del Punto de Venta (PoS), y ha generado un problema de "derecho de reparación" que se está luchando desde 2018 en las cortes de los Estados Unidos con respecto a los iPhones de Apple.

---

[37] Por varias razones -los Derechos de Propiedad Intelectual entre ellas-, algunos fabricantes como Apple y John Deere venden el hardware (teléfonos inteligentes y tractores), pero se niegan a dar a sus clientes acceso al código fuente y a los algoritmos software, lo que les permitiría reparar los problemas técnicos del sistema y controlar y alargar su vida útil.

5.3. La responsabilidad del productor está cambiando

En el siglo XXI, el "dieselgate – escándalo de las emisiones de diésel" les ha costado a algunos fabricantes miles de millones de dólares estadounidenses, y puede haber terminado con la fabricación de motores diésel. También ha mostrado las diferencias culturales en la interpretación de la responsabilidad de los fabricantes entre los Estados Unidos y Europa. Los Puntos de Venta (PoS) únicos se convertirán, cada vez más, en un punto de servicio al que se acudirá de manera recurrente durante la vida útil de productos duraderos, ya que la responsabilidad de los fabricantes tiende a incluir el uso de sus productos. Como siguiente paso lógico, es posible que los productores tengan que aceptar una obligación al alcanzarse el final de la vida útil de sus productos, cerrando el ciclo de responsabilidad a través de la "Obligación Ampliada del Productor" (EPL, consulte el capítulo 6).

Ya en la actualidad, los fabricantes que venden desempeño o rendimiento, y los gestores logísticos que venden productos como servicio (alquiler de productos, transporte público) o moléculas como servicio (arrendamiento químico), ofrecen una garantía de por vida para el funcionamiento de sus productos o incluso sobre el rendimiento prometido de los mismos. El Punto de Venta (PoS) se ha convertido en un Punto de Servicio al usuario, y la propiedad de los productos y la responsabilidad recae en el fabricante o en el gestor logístico. Los principios de Ecodiseño relativos a la prevención de residuos y eficiencia energética son ahora ampliamente adoptados por los Diseñadores Industriales de estos agentes económicos, con el fin de maximizar los beneficios.

El cambio hacia una "Obligación Ampliada del Productor" (EPL) puede motivar a los fabricantes de la Economía Industrial Lineal a pasar a una Economía Industrial Circular, cumpliendo sus objetivos de administrar las existencias de productos manufacturados y mantener el máximo valor de uso, como una alternativa competitiva y más sostenible a la producción y venta de productos de reemplazo en mercados cercanos a la saturación. Los legisladores y las agencias de contratación pública también podrían llegar a influir de manera importante para promover este cambio, con el objetivo de lograr una mayor seguridad de los recursos nacionales.

Capítulo 6

El ciclo invisible de la responsabilidad, el trabajo y el papel de la política

Recordatorio: Dentro de la lógica de la Economía Industrial Lineal, la responsabilidad sobre los productos al final de su vida útil y los materiales incorporados (residuos) corresponde exclusivamente al usuario-propietario final del objeto.

6.1. Obligación Ampliada del Productor (EPL): cerrando el ciclo invisible de la responsabilidad

La eficiencia de la sostenibilidad en la Economía Industrial Circular se puede mejorar enormemente cerrando los ciclos invisibles de la responsabilidad, tanto para los productos como para los materiales, además de cerrar los ciclos físicos de la era de la "R" y la "D".

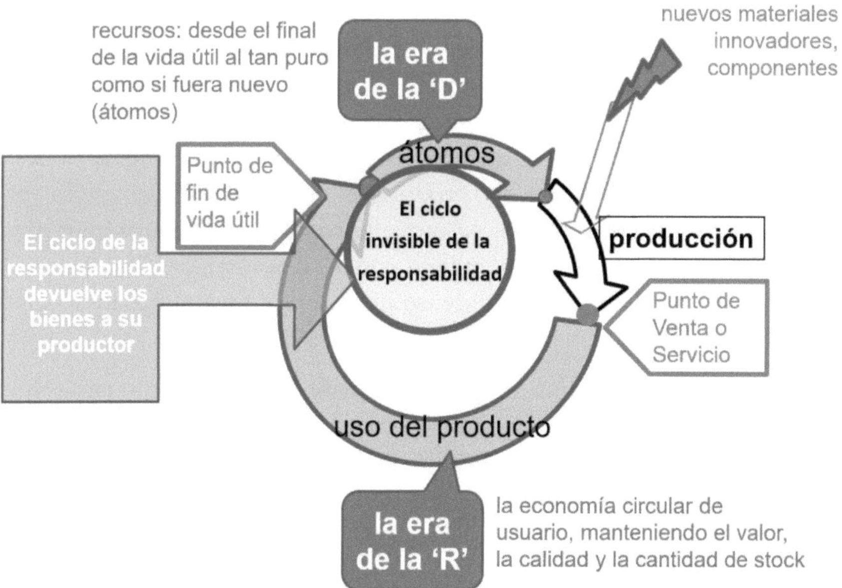

Figura 10: Obligación Ampliada del Productor (EPL): Cerrando el ciclo inmaterial e invisible de la responsabilidad.

La Obligación Ampliada del productor (EPL) crea un ciclo invisible de responsabilidad, que devuelve bienes y materiales sin valor al final de su vida útil a su productor, convirtiéndose éste en el "Responsable Efectivo Final" (en inglés, Ultimate Liable Owner o ULO).

El productor sabe cómo se fabricaron estos productos y qué materiales se usaron. Por lo tanto, es quien mejor sabe cómo volver a poner en valor sus componentes y materiales mediante nuevos productos o la obtención de moléculas puras.

La Obligación Ampliada del productor (EPL) coloca a los fabricantes que venden productos en igualdad de condiciones con los productores que venden productos como un servicio, los cuales ya conservan la propiedad y asumen la responsabilidad.

En la Economía Industrial Lineal, la responsabilidad por el uso de productos recae en el usuario-propietario de los bienes (las armas en sí mismas no matan, la persona que aprieta el gatillo sí lo hace). Sin embargo, la estrategia del productor en la Economía Industrial Lineal para limitar su responsabilidad después del Punto de Venta (PoS), ha comenzado a debilitarse en la segunda mitad del siglo XX. Nestlé fue acusado de "*matar bebés*" por la venta de leche en polvo sin instrucciones detalladas sobre cómo preparar bebidas con fórmula infantil; la industria del tabaco, de matar a los fumadores e incluso a los fumadores pasivos a través de sus productos; y la industria del asbesto causó la muerte de trabajadores que produjeron o transformaron productos de cemento de asbesto, incluso décadas después de la producción. El movimiento ahora podría extenderse a bienes inmateriales, ya que algunas personas consideran que "los medios sociales -*social media* en inglés- son el nuevo cigarrillo". Esto podría provocar una legislación estadounidense más dura y multas punitivas para los productores.

Este desarrollo es menos revolucionario de lo que pueda parecer, pues mantiene la filosofía de la Ley de Conservación y Recuperación de Recursos de EE.UU. de 1976, la legislación de 1980 de los EE.UU. del programa *Superfund*[NT16]

[NT16] Programa de los EEUU para financiar la limpieza de espacios contaminados por sustancias peligrosas.

y el Principio de "quien contamina paga" (PPP)[38, NT17] en Europa a principios de siglo, cuando los productores asumían la responsabilidad por los daños ambientales que causaban.

La Obligación Ampliada del Productor (EPL) va mucho más allá de la legislación en Responsabilidad Ampliada del Productor (EPR)[39], la cual permite a los productores externalizar su responsabilidad a terceros[NT18]. Como estos no tienen acceso al conocimiento del productor, ni a las posibilidades comerciales para poder explotar la opción de conservación del máximo valor mediante la reutilización de componentes o materiales, se centran en los métodos de reciclaje más económicos.

6.2. Productos: EPL y ULO en la era de la "R"

Un marco de políticas para la Economía Industrial Circular que sólo cierre los ciclos materiales de la era de la "R", que son los más visibles, pero que descuide los ciclos invisibles de la responsabilidad sobre lo inmaterial, pierde uno de los

[38] El principio de que "quien contamina, paga" proviene de una ley ambiental que hace que el operador responsable de producir contaminación también sea responsable de pagar por los daños causados al medioambiente.

[NT17] Principio de "Quien contamina paga, y repara". La *Ley 26/2007, de 23 de octubre, de Responsabilidad Medioambiental*, que transpone la *Directiva 2004/35/CE del Parlamento Europeo y del Consejo, de 21 de abril de 2004, sobre responsabilidad medioambiental en relación con la prevención y reparación de daños medioambientales*, incluye los costes de reparación del impacto ambiental generado hasta restablecer los recursos naturales y los servicios de recursos naturales dañados a su estado básico, que es "el estado en el que, de no haberse producido el daño medioambiental, se habrían hallado los recursos naturales y los servicios de recursos naturales en el momento en que sufrieron el daño". Por lo tanto, el Principio de "quien contamina, paga" se amplía a "quien contamina, paga y repara" al incluir la reparación, restauración o el reemplazo de los recursos naturales y servicios de recursos naturales dañados.

[39] Extended Producer Responsability (EPR).

[NT18] La "Responsabilidad Ampliada del Productor" se define en España en la *Ley 22/2011, de 28 de julio, de residuos y suelos contaminados*, que transpone la *Directiva 2008/98/CE del Parlamento Europeo y del Consejo, de 19 de noviembre de 2008, sobre los residuos y por la que se derogan determinadas Directivas*. Los productores pueden cumplir con esta responsabilidad de forma individual, haciéndose cargo de sus productos al final de su vida útil en todo el territorio nacional y gestionándolos como productos para su reutilización o como residuos asumiendo los costes correspondientes; o bien de forma colectiva, adhiriéndose o creando un Sistema Integrado de Gestión de Residuos (asociación sin ánimo de lucro) y asumiendo el pago de la cuota correspondiente para cubrir las obligaciones derivadas de la responsabilidad ampliada del productor.

grandes impulsores para alcanzar la sostenibilidad, al no cerrar el ciclo de la responsabilidad a través de una Obligación Ampliada del Productor (Extended Producer Liability - EPL).

Al definir los residuos como "objetos sin un valor positivo o sin un responsable final", se abre la puerta a una solución industrial -la utilización de materiales con un valor inherente, como el oro o el cobre- y a una solución legislativa -definir al productor original como el Responsable Efectivo Final (*Ultimate Liable Owner*-ULO) del producto-. Cerrar el ciclo de la responsabilidad significa que los bienes sin valor al final de su vida útil pueden devolverse a su productor como el Responsable Efectivo Final (*Ultimate Liable Owner*-ULO)[40].

Una Obligación Ampliada del Productor (EPL) dará a los productores fuertes incentivos para no incurrir en responsabilidades futuras, mediante el diseño de productos con un valor máximo de vida útil (ver fig. 8) y una responsabilidad mínima. La Obligación Ampliada del Productor (EPL) pone a los fabricantes que venden productos al mismo nivel que los agentes económicos que venden productos como un servicio, conservando la propiedad y la responsabilidad de sus productos y materiales durante toda la vida útil.

La digitalización de la economía, los bienes autónomos y el Internet de las cosas (IoT) están atacando esta protección sobre la responsabilidad de los fabricantes en la Economía Industrial Lineal de un modo diferente. En el caso de los vehículos inteligentes, puede que desaparezca la responsabilidad del conductor sobre los accidentes, y la propiedad puede que se divida entre el hardware (el productor y/o el propietario del automóvil) y el software (el productor y/o el propietario de los algoritmos que conducen el vehículo).

El vínculo entre la propiedad y la responsabilidad tendrá que ser revisado: en el sector de los bienes inteligentes, es el productor-propietario del software[41]

---

[40] El autor derivó el concepto de Responsable Efectivo Final (*Ultimate Liable Owner* -ULO) del concepto de Beneficiario Efectivo Final (*Ultimate Beneficial Owner* -UBO), que se introdujo en los Estados Unidos en la década de 1970 para reducir la evasión fiscal a través de entramados empresariales en paraísos fiscales.

[41] Indicado previamente en la referencia número 37. Por varias razones, los Derechos de Propiedad Intelectual entre ellas, fabricantes como Apple y John Deere venden el hardware (teléfonos inteligentes y tractores), pero se niegan a dar a sus clientes acceso a los códigos fuente y algoritmos del software, lo que les permitiría reparar los problemas técnicos del sistema y controlar y alargar su vida útil.

quien controla el producto, ya que recorta los derechos del propietario del bien (hardware).

El objetivo de la Economía Industrial Circular es mantener el máximo valor y utilidad de los productos fabricados, por ejemplo, a través de estrategias de reutilización y extensión de la vida útil.

La introducción de una Obligación Ampliada del Productor (EPL) se puede conseguir mediante el desarrollo por separado de dos líneas de acción:

- Por un lado, si el objetivo de la ley es proteger a las víctimas, la digitalización de la economía y la ausencia de un "propietario-usuario" en los bienes inteligentes podrían dar lugar a una Obligación Ampliada del Productor para los sistemas técnicos.
- Por otro, los productos son diseñados y producidos por un agente económico, cuyo nombre o código a menudo se muestra en el producto. Este productor sabe cómo se construyó el objeto y con qué materiales, y es quien mejor sabe cómo se puede reutilizar el producto o dichos materiales, controla el valor añadido y las cadenas de distribución. Además, fija el precio de venta y puede internalizar los costes al final de la vida útil de los productos a través del precio en el Punto de Venta (PoS). Por lo tanto, lo más lógico es que sea el productor el Responsable Efectivo Final (*Ultimate Liable Owner*-ULO) de sus productos.

Esta responsabilidad del Responsable Efectivo Final (ULO) podría afectar de forma diferente según los distintos tipos de productos:

Para las "herramientas" (productos utilizados por los agentes económicos para generar ingresos, como maquinaria, vehículos comerciales, equipos de producción), normalmente es el propietario quien asume hoy en día la responsabilidad de los costes al final de la vida útil del producto, y quien tiene un mayor interés económico para lograr el máximo valor de reutilización, mediante la venta de:

- componentes adecuados para el reacondicionamiento (por ejemplo, rodamientos), a los fabricantes de equipos originales,
- materiales adecuados para la recuperación de moléculas (por ejemplo, metales ferrosos y no ferrosos), a los administradores de recursos, o
- los edificios o el terreno en el que se encuentran, a un promotor.

Los bienes autónomos, como los vehículos autónomos, son *"herramientas"* que probablemente vienen con una Obligación Ampliada del Productor (EPL) obligatoria, ya que el control del objeto y la responsabilidad no recae en el conductor.

Para los *"juguetes"* (productos que son propiedad de particulares y utilizados por ellos, a menudo con una vida útil corta y utilizados de manera dispersa), la responsabilidad de los costes al final de la vida útil del producto (recogida y eliminación) recae en los municipios o en terceros (WEEE)[42]. Para los *"juguetes"* sin valor, o que tienen un valor negativo, los municipios y los estados se convierten así en propietarios y gestores de residuos de último recurso. Las consecuencias típicas son los objetos abandonados, como el plástico en los océanos. En una playa importante de la isla de Bali, 300 empleados municipales con 35 camiones recolectan 100 toneladas de desechos plásticos cada mañana, antes de que el turista se embarque.

Aquí es donde más afectarán y se notarán los conceptos de Obligación Ampliada del Productor y Responsable Efectivo Final para los productores, proporcionando un fuerte incentivo para evitar que se produzca tal situación. Sin embargo, el concepto de Obligación Ampliada del Productor no se ocupará de los problemas heredados -y provocados- por la Economía Industrial Lineal de "tomar-producir-usar-tirar", como el plástico ya existente en los océanos.

La comida es un caso especial, donde la prevención del desperdicio es la única solución para mantener el valor. Varios países europeos han aprobado recientemente una legislación de "desperdicio cero" para alimentos. El excedente de alimentos debe ser donado a instituciones sociales o personas necesitadas antes de que se alcance la fecha de caducidad.

---

[42] Directiva 2012/19EU de Residuos de Aparatos Eléctricos y Electrónicos (RAEE) (Waste Electrical & Electronic Equipment -WEEE) de la UE. Los residuos de equipos eléctricos y electrónicos en la Unión Europea se recogen y reciclan a través de flujos de residuos separados y los costes son asumidos por los productores.

6.3. Materiales: Obligación Ampliada del Productor y Responsable Efectivo Final en la era de la "D"

El objetivo de la Economía Industrial Circular es mantener el máximo valor de las existencias de partículas en la economía, recuperando los átomos y las moléculas en su máxima pureza. Sin embargo, el motor de las actividades tradicionales de reciclaje al final de línea es minimizar los costes para la empresa, no retener el máximo valor de los materiales para la sociedad.

Este conflicto entre la optimización a escalas micro y macroeconómica, conlleva hoy en día pérdidas macroeconómicas sustanciales[43].

Si los residuos se definen como "materiales sin valor positivo o sin Responsable Efectivo Final (*Ultimate Liable Owner*-ULO)", una Obligación Ampliada del Productor (EPL) otorgaría a los productores de materiales manufacturados, como aleaciones metálicas y polímeros, fuertes incentivos para diseñar moléculas que, a través de tecnologías de clasificación, se puedan identificar y recuperar como tales, para mantener un valor positivo y evitar responsabilidades futuras.

Los responsables políticos europeos han estado al tanto de este problema durante algún tiempo y, a finales de siglo, han impuesto una Responsabilidad Ampliada del Productor (*Extended Producer Responsibility* - EPR) a los fabricantes e importadores de objetos electrónicos y eléctricos. Sin embargo, esta Responsabilidad Ampliada del Productor (EPR) es financiera, ya que por lo general se traduce en una pequeña cantidad económica añadida al producto en el Punto de Venta (PoS), mientras que la responsabilidad del final de la vida útil del producto se puede delegar en los gestores de residuos externos. Como resultado, sólo unos pocos productores han cambiado sus prioridades en el diseño industrial o han desarrollado estrategias de recompra para recuperar componentes o partículas para su reutilización.

---

[43] Material economics (2018) Ett värdebeständigt svenskt materialsystem (Retención del valor en el Sistema de Materiales Sueco). El informe toma una perspectiva basada en el valor de uso de los materiales. Analiza el uso de materiales en la economía sueca en términos monetarios, en lugar de toneladas y metros cúbicos. Entre las preguntas clave que busca responder se incluyen: Por cada 100 SEK (coronas suecas) de materia prima que ingresa a la economía sueca, ¿cuánto valor se retiene después de un ciclo de uso? ¿Cuáles son las principales razones por las que se pierde valor material? ¿Qué medidas podrían retener más valor de los materiales y cuánto se podría volver a recuperar? ¿Qué oportunidades de negocio surgen como resultado?

Sin embargo, los conceptos de Responsable Efectivo Final y Obligación Ampliada del Productor no resolverán el problema de los recursos "gratuitos" - los recursos naturales expuestos a un uso excesivo, como las poblaciones de peces-, y no terminarán con los vertederos "gratuitos" -como la atmósfera (CO_2 y otras emisiones de GEI), los océanos (residuos plásticos y químicos tóxicos) y el espacio (objetos abandonados en el espacio)-. Este problema se conoce como "La Tragedia de los (bienes) comunes" ("*Tragedy of the Commons*"[44]) y en la actualidad también comprende el capital natural, la biodiversidad, la biogenética y la reserva de conocimientos de la sociedad.

6.4. El papel de la política y la tributación laboral

Los políticos se están enfrentado a una serie de problemas globales, que se agrupan bajo el paraguas de los Objetivos de Desarrollo Sostenible (ODS)[45]. Estos objetivos son los sucesores de los Objetivos del Milenio de la ONU.

Las políticas para promover la Economía Industrial Circular pueden contribuir a resolver varios de estos problemas de manera holística, a través de los fundamentos de la Economía Industrial Circular, que se basan en una mayor demanda de mano de obra, en una producción baja en carbono y con baja demanda de recursos, y en su dependencia parcial de las pequeñas y medianas empresas descentralizadas.

Un ejemplo es la "tributación sostenible"[46], un concepto que considera como factores de producción la mano de obra y los recursos, así como su peso relativo, que difiere enormemente entre la Economía Industrial Lineal y la Economía Industrial Circular. La Economía Industrial Lineal es intensiva en recursos y

---

[44] Garrett Hardin, "The Tragedy of the Commons", Science, Vol. 162, No. 3859 (December 13, 1968), pp. 1243-1248. *NT: "Tragedy of the Commons" se puede encontrar en español como "La Tragedia de los Comunes" o "La Tragedia de los (bienes) Comunes" o "La Tragedia de los recursos Comunes".*

[45] Los Objetivos de Desarrollo Sostenible (ODS) son una recopilación de 17 objetivos globales establecidos por las Naciones Unidas. Los objetivos generales están interrelacionados, aunque cada uno tiene sus propias metas que lograr. El número total de objetivos es de 169. Los ODS cubren una amplia gama de temas de desarrollo social y económico.

[46] Para un análisis detallado, vea Stahel, Walter R (2013) "Policy for material efficiency—sustainable taxation as a departure from the throwaway society"; en: Philosophical Transactions A of the Royal Society, Londres. Publicado el 28 de enero de 2013 *doi: 10.1098 / rsta.2011.0567 Phil. Trans. R. Soc. A* 13 de marzo de 2013 vol. 371 no. 1986 20110567

capital, mientras que la Economía Industrial Circular es intensiva en mano de obra.

Las políticas fiscales actuales en muchos países imponen fuertes impuestos al trabajo, al tiempo que subsidian la producción y el consumo de combustibles fósiles y otros recursos no renovables.

Revertir los impuestos sobre estos dos factores de producción, favoreciendo los recursos renovables frente a los no renovables, daría a los agentes económicos incentivos directos para cambiar hacia la Economía Industrial Circular y la sostenibilidad, motivando a las personas a "construir barcos" según el concepto de Saint Exupéry. En este sentido, hay que tener en cuenta que el capital humano es considerado como un recurso renovable[47].

Si en lugar de aplicar impuestos sobre el trabajo, se gravan los recursos no renovables:

- se acelera la transformación de la "optimización del flujo" que se lleva a cabo actualmente, a la optimización del stock, es decir, de la Economía Industrial Lineal a la Economía Industrial Circular,
- se amplía la aplicación de la Economía Circular a nuevos agentes económicos y nuevos sectores,
- y se fortalece la competitividad de los agentes económicos existentes de la Economía Industrial Circular.

La tributación sostenible, también debe respetar los fundamentos de la Economía Circular al no establecer el IVA por la reutilización, reparación y reacondicionamiento (actividades de preservación de valor, sin valor añadido), y al otorgar créditos de carbono para la prevención de emisiones de GEI, en el mismo grado en que se hace para su reducción.

La era de la "R", y en parte la de la "D", previene las grandes emisiones de GEI (y los residuos), pero no recibe créditos de carbono bajo ninguno de los programas de emisiones de GEI existentes o planificados, que se basan en el pensamiento lineal de la economía industrial: ¡Primero contamine, luego sea recompensado por la reducción de la contaminación!

---

[47] El éxito económico no depende de los impuestos sobre la renta. Florida y Texas, ambos motores de la economía de los EE.UU., son dos de los once estados de EE.UU. que no gravan los ingresos laborales, mientras que otras naciones y estados que sí lo hacen tienen problemas económicos.

Adaptar las condiciones marco y difundir el conocimiento de la Economía Industrial Circular debería ser una prioridad para los responsables políticos. A finales de 2016, el Parlamento sueco decidió reducir a la mitad el IVA aplicado a las actividades de reparación e hizo que los costes de reparación fueran deducibles del impuesto a las ganancias. En una cumbre de la UE de 2017 en Luxemburgo, el Comisario de Finanzas de la UE, Moscovici, sugirió lo mismo a todos los estados miembros, que son quienes tienen la autoridad exclusiva para cambiar la política fiscal nacional.

Los gobiernos también pueden promover la transformación de la Economía Industrial Circular, a través de períodos de depreciación fiscal más prolongados. La larga vida útil promedio de las aeronaves proviene de establecer períodos de depreciación fiscal de 15 años, lo que implica una responsabilidad sobre el producto de 18 a 22 años por parte de los fabricantes. Existe una fuerte correlación entre la vida útil de los bienes, los períodos de responsabilidad de los fabricantes y los períodos de depreciación fiscal[48]. Los legisladores pueden aplicar períodos de depreciación fiscal y de responsabilidad del producto más prolongados, como una política para evitar residuos, impulsar el desarrollo económico regional e, incluso, fomentar el trabajo desde casa (teletrabajo).

Y finalmente, a través de políticas de contratación pública sostenibles, los gobiernos pueden acelerar el cambio hacia una Economía Industrial Circular, tanto como principales compradores-propietarios de bienes, como a través de ayudas para los compradores-propietarios.

6.5. El papel de los indicadores económicos apropiados

Al introducir indicadores absolutamente desacoplados (fig. 11, ver página siguiente), los gobiernos pueden hacer que el impacto de los cambios sea visible para los responsables políticos, los agentes económicos y los consumidores.

La estrategia de Lisboa de la UE del 2000[49], declaró como objetivos incrementar la riqueza y el empleo, y disminuir el consumo de recursos, lo que coincide con los objetivos de la Economía Industrial Circular.

---

[48] Stahel, Walter R (2010) "The Performance Economy", 2ª edición, p. 185-6.

[49] En marzo del 2000, el Consejo Europeo en Lisboa estableció una estrategia de 10 años para convertir a la Unión Europea en "la economía basada en el conocimiento más competitiva y dinámica

El siguiente diagrama[50] (fig. 11) pone estos factores en perspectiva y muestra los indicadores absolutamente desacoplados que pueden derivarse:

- Valor por peso, en EURO por kilogramo (€/kg, o UK £/kg, o $/kg),
- Trabajo de mano de obra por peso, en horas de trabajo por kilogramo (mh/kg)[NT19].

Estos indicadores se pueden utilizar para comparar la sostenibilidad de los productos comercializados a través de diferentes modelos de negocios, medidos en el Punto de Venta (PoS) en "€/kg neto" y "mh/kg neto".

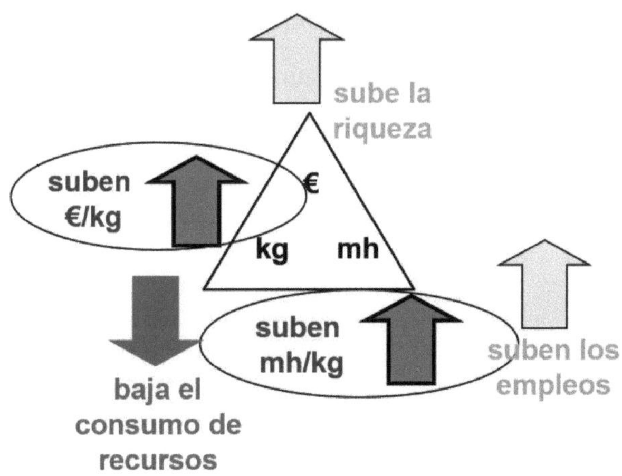

Figura 11: Los dos indicadores absolutamente desacoplados de la Economía Industrial Circular que monitorizan el aumento de la riqueza y el empleo a partir de un menor consumo de recursos.

---

del mundo, capaz de un crecimiento económico sostenible, con más y mejores empleos y mayor cohesión social". Bajo esta estrategia, una economía más fuerte impulsará la creación de empleo junto con políticas sociales y ambientales que aseguren el desarrollo sostenible y la inclusión social.

[50] Fuente: Stahel, Walter R. (2006) "The Performance Economy", primera edición, pág. 62 y 127.

[NT19] Manhour per kilogram (mh/kg) – "Horas de trabajo de mano de obra, por kilogramo".

Los índices de desempeño en sostenibilidad de los sectores económicos, pueden obtenerse ahora utilizando estos indicadores absolutos desacoplados, al comparar los productos y actividades típicos de la Economía Industrial Lineal y la Economía Industrial Circular (fig. 12)[51]. De esta forma se hacen evidentes dos grupos distintos de actividades económicas:

- La Economía Industrial Lineal con bajos índices de mh/kg (horas de mano de obra por peso), coherente con la producción en masa utilizando procesos altamente mecanizados, y con índices de €/kg (valor por peso) que varían desde bajos, para materiales básicos como cemento y acero, hasta medios para "bienes inteligentes", como memorias USB.
- La Economía Industrial Circular con una relación mucho mayor de mh/kg y €/kg para reutilizar, reacondicionar y vender (bienes como servicio), y las nuevas tecnologías, como las ciencias de la vida y las nanotecnologías, las cuales producen por naturaleza productos desmaterializados.

Por encima de los dos grupos, hay algunos bienes excepcionales de muy alto valor, como los diamantes o el azafrán (un producto agrícola).

[51] Fuente: http://product-life.org/en/major-publications/performance-economy

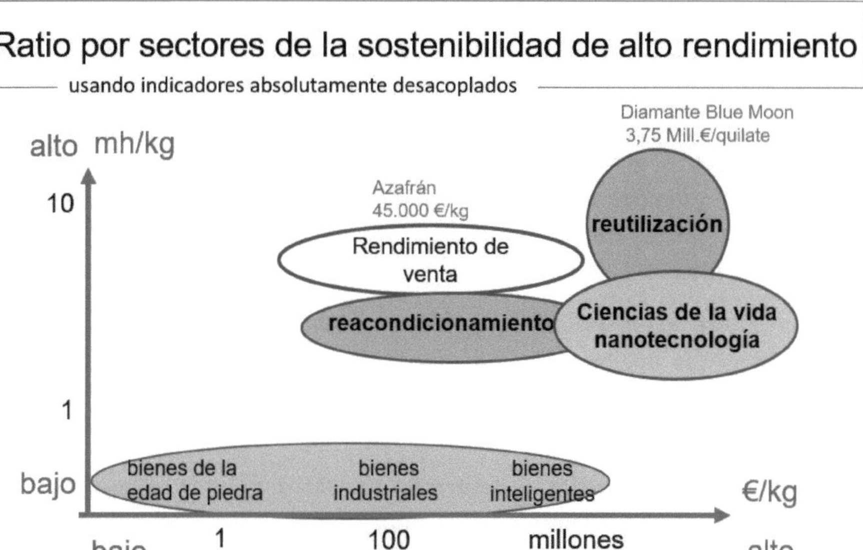

Figura 12: Los indicadores de desacoplamiento absoluto hacen visible la diferencia entre la Economía Industrial Lineal y la Economía Industrial Circular.

También es necesario un enfoque nuevo para medir la eficiencia anual de recursos en los flujos de rápido movimiento en la era de la "D", que se base en una pérdida de recursos máxima aceptable, establecida por la legislación, en lugar de una eficiencia mínima de los procesos de reciclaje.

Esto se debe a la siguiente razón: un proceso de recuperación con una eficiencia del 50% conserva el 50% del stock de material. Esto significa que el 50% del material se conserva en el primer ciclo, el 25% en el segundo y sólo el 12,5% en el tercero -lo que el autor llama el "principio de compuesto inverso"-. Si el producto involucrado tiene una vida útil de diez años, como un motor de combustión, eso significa una pérdida de material anual del 5%, pero si el objeto es una lata de bebida con una vida útil de un mes, el stock total de recursos se ha perdido después de sólo 6 meses, a pesar de la tasa de reciclaje del 50%.

Los responsables políticos actuales se centran en la minimización de residuos, pero deben centrar su atención en la conservación de los recursos. Teniendo en cuenta el principio de compuesto inverso, deben definir la pérdida de recursos anual máxima permitida de un material, en lugar de las tasas mínimas de reciclaje. Y como las pérdidas económicas debidas a la pérdida de calidad son considerablemente más altas que las pérdidas de cantidad de material[52], los responsables políticos deberían definir en la legislación las tasas aceptables de pérdida económica anual en lugar de las tasas de pérdida de recursos.

Para resumir, los responsables políticos deben dar prioridad a promover la reutilización y las opciones de vida útil más prolongada (la era de la "R")[53], seguido de la tecnología de clasificación en fracciones de material limpio y las tecnologías para la recuperación de moléculas y átomos (la era de la "D").

¿Quién debería pagar por el desarrollo de tecnologías "D" innovadoras, que pueden beneficiar principalmente al medioambiente? Siguiendo el principio de "quien contamina paga", la respuesta lógica sería: los productores. Una política de Obligación Ampliada del Productor ofrece a los fabricantes fuertes incentivos financieros para cambiar la elección de materiales o la estrategia de comercialización de los objetos para retener la propiedad y recuperar productos después del uso.

Un resumen de un estudio sueco lo formula de la siguiente manera:

> *La política tendrá un papel central en lograr una mejor gestión de los materiales. Un primer paso podría ser volver a examinar las políticas preexistentes. Los objetivos actuales para la recogida de materiales podrían reformularse para apuntar a la producción de materiales secundarios y al valor del material. El actual marco de "responsabilidad del productor" crea incentivos débiles o inexistentes, pero podría orientarse hacia un cierto grado de responsabilidad individual en lugar de colectiva, respaldado por las nuevas tecnologías para el marcado y la trazabilidad de productos. Sin la introducción de este tipo de políticas, el material secundario continuará enfrentándose a una batalla desigual. Las reglas del juego hoy están lejos de este nivel y, por lo tanto, también pueden necesitarse otro tipo de medidas,*

---

[52] Material economics (2018) Ett värdebeständigt svenskt materialsystem (Retención del Valor en el Sistema de Materiales Sueco) - Ver nota 43.

[53] Este era ya el objetivo de la Directiva de residuos de la UE de 2008, que posteriormente fue ignorada por la mayoría de los estados miembros.

como introducir requerimientos para la utilización de material reciclado en nuevos productos. La cooperación internacional será crucial. La mayoría de los productos y materiales internacionales son productos básicos, y es necesario coordinar las políticas, principalmente a nivel de la UE (la Comisión Europea dio un primer paso importante con el Paquete de Economía Circular en 2015, pero su implementación requiere ahora iniciativas adicionales).[54]

[54] Material economics (2018) Ett värdebeständigt svenskt materialsystem (Retención del Valor en el Sistema de Materiales Sueco) - Ver nota 43.

Capítulo 7

La Economía de Alto Rendimiento (PE)

La Economía Industrial Circular como opción predeterminada

Recordatorio: la Economía Industrial Lineal optimiza la producción de productos hasta el Punto de Venta (PoS), utilizando los procesos económicamente más eficientes.

En la Economía de Alto Rendimiento (PE), los agentes económicos venden resultados en lugar de productos. Conservan la propiedad de los productos y los recursos incorporados, e internalizan las responsabilidades al completo durante toda la vida útil del producto. Estos agentes económicos pueden ser los fabricantes de los productos o los gestores logísticos que los operan. En ambos casos, venden el uso de estos productos como un servicio durante el mayor período de tiempo posible, y maximizan sus ganancias al explotar tanto soluciones de eficiencia como de suficiencia.

La Economía de Alto Rendimiento es el modelo de negocio más sostenible de la Economía Industrial Circular, al vender bienes y moléculas como servicio, funcionalidad garantizada o resultados, y rendimiento (fig. 13, ver página siguiente). Esto se debe a que internaliza los costes de responsabilidad del producto, del riesgo y del residuo, y, por lo tanto, constituye un sólido incentivo financiero para prevenir pérdidas y residuos. La Economía de Alto Rendimiento es altamente rentable porque maximiza el potencial de ganancias al explotar las soluciones de eficiencia, de suficiencia y de sistemas.

El mantenimiento de la propiedad de los bienes y de los recursos incorporados, crea un marco de seguridad sobre los recursos tanto corporativos como nacionales, a bajo coste:

> *Si los productores conservan la propiedad de sus bienes, los bienes de hoy son los recursos del mañana a los precios de antaño de los productos básicos.*

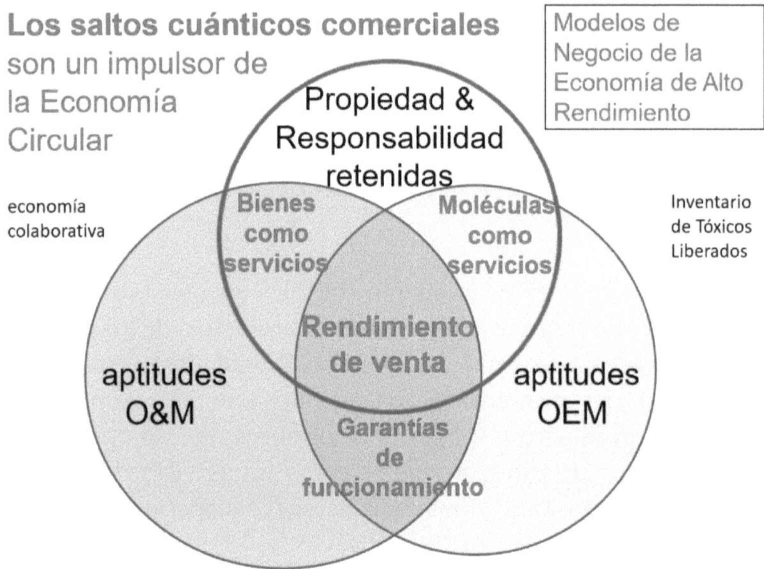

Figura 13: Venta de rendimiento en lugar de venta de bienes, combinando capacidades de OEM y O&M[55] con la propiedad.

Además de integrar la era de la "R" y la era de la "D" de la Economía Industrial Circular, los agentes económicos de la Economía de Alto Rendimiento conservan la propiedad de los bienes.

Como la conservación de la propiedad implica conservar también la responsabilidad por los costes de los riesgos y los residuos, la Economía de Alto Rendimiento es la estrategia más sostenible de la Economía Industrial Circular.

Y como la venta de rendimiento les permite explotar las soluciones de eficiencia, suficiencia y sistemas, es potencialmente la estrategia Economía Industrial Circular más rentable.

---

[55] O&M-Operation and Maintenance: Mantenimiento y Operaciones.

OEM-Original Equipment Manufacturer: Productores de materias primas puras.

7.1. Los que toman las decisiones

La Economía de Alto Rendimiento redefine el papel del lado de la oferta, pero también implica un cambio radical en el lado de la demanda, desde el propietario hasta el usuario de los bienes. ¿Pero es esto realmente nuevo? Aristóteles ya declaró hace dos mil años que la riqueza real radica en el uso, no en la propiedad de bienes.

En una economía de alquiler, los usuarios no necesitan capital para comprar bienes[56], pero tampoco se benefician de las ganancias de capital, por lo que poseer bienes tiene sentido económico para los individuos en el caso de los bienes que aumenten de valor con el tiempo. De esta forma, tiene sentido poseer bienes raíces, pero poseer un teléfono inteligente o una lavadora no lo tiene.

Al alquilar productos, los usuarios ganan flexibilidad en el uso, conocen por adelantado el coste de usarlo y sólo pagan cuando lo usan. Los consumidores que se sienten atraídos por las tendencias de moda y por un cambio constante, pueden vivir plenamente sus fantasías sin causar un exceso de residuos, por ejemplo, alquilando cada fin de semana un automóvil deportivo, un disfraz o un bolso diferente.

Por el contrario, los gestores logísticos prefieren productos de alta calidad y bajo coste de mantenimiento, enfocándose en la función y no en la moda pasajera. También disponen del conocimiento para optimizar las operaciones y minimizar los costes de mantenimiento de los productos en su posesión, por ejemplo, a través de componentes estandarizados y sistemas técnicos, así como mediante el uso en cascada de los productos[57]. Ejemplo de ello son las empresas de alquiler de textiles que alquilan uniformes y trajes para el servicio de catering para hospitales, y que comienzan a obtener ganancias después de que las telas y las prendas se han usado durante más de tres años. Como su actividad está limitada geográficamente por los costes de transporte, y es vital el conocimiento de las

[56] Las actividades de servicios de semi-alquiler se denominan economía colaborativa, economía de plataforma (UBER, Airbnb) o sistemas de producto-servicio (PSS), por razones de distinción de marca en lugar de diferencias fácticas.

[57] Xerox impuso desde muy pronto su "principio de características comunes", especificando los mismos componentes en toda su gama de equipos. Airbus introdujo desde el principio una cabina de vuelo estandarizada para todos sus aviones, ahorrando costes de operación y mantenimiento de las aerolíneas en la capacitación de la tripulación principal y de las tripulaciones de reserva. Las líneas aéreas transforman rutinariamente los aviones de pasajeros en aviones de carga para prolongar su vida útil.

necesidades específicas de sus clientes, estas empresas operan a través de franquicias y no bajo un enfoque de globalización. Los propietarios de bienes raíces a menudo son compañías de seguros de vida o fideicomisos familiares, interesados en la conservación del valor a largo plazo y en los bajos costes de operación y mantenimiento, y la mejor manera de conseguir estos objetivos es a través de una alta calidad inicial de los materiales y productos, y de estar familiarizado con las costumbres y condiciones locales.

El conocimiento detallado de la operación y el mantenimiento también es necesario para los gerentes de instalaciones encargados de construir o de administrar infraestructuras complejas, como aeropuertos. La compañía francesa Eiffage firmó en 2001 un contrato de 78 años para diseñar, financiar, construir y operar hasta 2079 el viaducto cerca de Millau, con un contrato de mantenimiento vigente hasta 2121. El proyecto es una Iniciativa de Financiamiento Privado (PFI), el puente no le costó ni un centavo al contribuyente francés, pero cada vehículo que cruza el puente tiene que pagar un peaje (la cubierta del puente está a más de 200 metros sobre el valle y, para evitar suicidios, el acceso está restringido a vehículos, los peatones no pueden cruzar). Los riesgos son asumidos por Eiffage[58], así como los beneficios, quienes sólo sabrán cuánta pérdida o ganancia ha generado, 78 años después de la firma del contrato.

La innovación en la Economía de Alto Rendimiento (PE) proviene, pues, de un cambio de enfoque, pasando de la optimización de la producción a la optimización de la utilización de los productos, y de la inclusión del Factor Tiempo en esta optimización (fig. 14). Analizar el uso o la utilización de los productos abre nuevas oportunidades, como los productos de larga duración (A), los productos multifuncionales (M)[59], las estrategias de servicio (V1-V3) y las soluciones de sistemas (S) (consulte la Figura 4). Estas oportunidades no suponen ningún interés (económico) para las industrias manufactureras que venden productos, cuyo objetivo es optimizar la producción hasta el Punto de Venta (PoS), no el uso del producto.

---

[58] Los riesgos puros pueden estar asegurados, por supuesto, pero no los riesgos empresariales.

[59] Con la digitalización de la tecnología, los productos multifuncionales, como las máquinas de fax, escáner, copiadora e impresora todo-en-uno, se convirtieron en estándar.

Los productos y las moléculas se pueden vender como un servicio. En el caso de productos, puede ser de uso individual o compartido:

- Ejemplos de productos que se venden como un servicio de uso individual son los apartamentos de alquiler, las herramientas y los vehículos de alquiler, pero también los baños públicos, los contenedores ISO de transporte intermodal de mercancía[NT20], los equipos de alquiler y los envases reutilizables.
- Ejemplos de bienes o sistemas vendidos como servicio de uso compartido son todas las formas de transporte público (autobuses, trenes, aviones), así como piscinas públicas, salas de conciertos y lavanderías.
- Ejemplos de moléculas como servicio son los contratos de alquiler químico (también denominados *rent-a-molecule*), que permiten un recuento preciso de las pérdidas de productos químicos en el medioambiente entre el arrendador y el arrendatario, que pueden ser necesarios para los inventarios legales de emisiones tóxicas[60].

Al vender bienes como un servicio, los agentes económicos conservan la propiedad y la responsabilidad, mientras que los usuarios deben mostrar una actitud de cuidado hacia el producto, teniendo conciencia fiduciaria hacia los productos alquilados. La frontera entre propietarios y usuarios varía: alquilar un coche para ir de A a B supone asumir un mayor riesgo para los usuarios, pero les

---

[NT20] ISO shipping containers - contenedores ISO de transporte intermodal de mercancía. Se incluye la definición del término "Transporte intermodal de mercancías" desarrollada en el documento publicado por el Ministerio de Fomento de España: *"El lenguaje del transporte intermodal. Vocabulario Ilustrado."*, pág 10.

Transporte intermodal designa el movimiento de mercancías en una misma unidad o vehículo usando sucesivamente dos o más modos de transporte sin manipular la mercancía en los intercambios de modo. Por extensión, el término intermodalidad (English: intermodality; Français: intermodalité) se ha usado para describir un sistema de transporte en el que dos o más modos de transporte intervienen en el transporte de un envío de mercancías de forma integrada, sin procesos de carga y descarga, en una cadena de transporte puerta a puerta.

https://www.fomento.gob.es/transporte-terrestre/transporte-intermodal/transporte-por-carretera-e-intermodalidad

[60] La ONUDI (United Nations Industrial Development Organization - UNIDO, Organización de las Naciones Unidas para el Desarrollo Industrial, acrónimo en español y francés ONUDI) está promoviendo el arrendamiento de químicos en África para reducir la liberación incontrolada de productos químicos usados al medioambiente.

da una mayor flexibilidad que si utilizaran un autobús o un avión. Si el vehículo se rompe, la responsabilidad en ambos casos es del propietario.

Los contratos de alquiler introducen un riesgo moral -una invitación al uso abusivo del bien alquilado, de sobra conocida en los contratos de seguros-, que es menor en los casos de los bienes que son propiedad del usuario.

Un ejemplo de garantía de funcionamiento son los contratos de mantenimiento de ascensores. Los ascensores verticales y los teleféricos tienen un riesgo catastrófico en caso de fallo, por lo tanto, las legislaciones nacionales de seguridad imponen la provisión de sistemas de frenos automáticos y revisiones periódicas para garantizar un funcionamiento sin fallos. Estos servicios pueden ser suministrados por fabricantes y proveedores de servicios especializados y no son una exclusividad del productor.

La venta de rendimiento se caracteriza por el hecho de que los usuarios pagan un precio por uso fijado de antemano. Esto es habitual con las habitaciones de hoteles, taxis, fotocopiadoras Xerox, servicios de válvulas de cerámica para la industria del acero y el hierro, bombas de petróleo crudo sin mantenimiento, servicios de revestimiento de alto rendimiento de DuPont, potencia por hora contratada para turbinas de gas y motores a reacción de Rolls-Royce, servicio de neumáticos por milla de Michelin para las empresas de transporte.

La contratación pública centrada en el rendimiento, actúa como impulsor para startups innovadoras. La decisión de la NASA de confiar en un programa de servicios de lanzamiento de cohetes, en lugar de poseer y operar hardware (Space Shuttles), llevó a la fundación de Space X, Odyssey Moon y otras compañías que ahora compiten con éxito por contratos de transporte espacial, con hardware y soluciones de sistemas innovadores, como cohetes reutilizables que utilizan componentes estandarizados en un sistema modular.

7.2. Las características de la Economía de Alto Rendimiento (PE)

Además de las ventajas de la Economía Industrial Circular sobre la Economía Industrial Lineal enumeradas en los capítulos 2 y 3, la Economía de Alto Rendimiento es el modelo de negocio más sostenible de la Economía Industrial Circular por varias razones:

- **Es rentable**, porque la Economía de Alto Rendimiento permite explotar soluciones de suficiencia, eficiencia y de sistemas y, en comparación con la Economía Industrial Lineal, tiene menos costes de transacción y cumplimiento, ya que no está sujeta a impuestos sobre el carbono ni a aranceles de importación sobre los recursos.

  Además, los actores económicos de la Economía de Alto Rendimiento pueden ampliar sus actividades y aumentar sus ingresos y ganancias a través de:

  - un uso más intensivo de los productos de alquiler en uso compartido.
  - la venta de resultados utilizando la suficiencia: la labranza nocturna evita que germinen el 90% de las malas hierbas, los viñedos ecológicos utilizan ovejas en lugar de productos químicos para controlar la vegetación, las granjas de servidores de TI situadas más al Norte pueden prescindir del aire acondicionado, que consume la mitad de la energía total en uso, en comparación con los climas templados.
  - pago por rendimiento: Bayer vende servicios de agricultura de precisión en lugar de productos químicos, las compañías farmacéuticas pueden recibir pagos sólo si un tratamiento ha logrado el resultado prometido.
  - innovación de sistemas: los vehículos autónomos controlados por GPS con óptica inteligente permiten sembrar, escardar, regar y cosechar de forma precisa en la agricultura.

- **Es ecológicamente deseable**, ya que la Economía de Alto Rendimiento minimiza el número de consumibles, las distancias de transporte y el embalaje aprovechando al máximo la reutilización local y la extensión de la vida útil de los productos. Ejemplo de ello es el servicio para flotas de vehículos ofrecido por Michelin, con talleres móviles que reparan y recauchutan neumáticos en las instalaciones del cliente combinándolo con plantas regionales de recauchutado, el cual está en crecimiento, y está reemplazando a las plantas de producción de neumáticos a nivel mundial.

El reacondicionamiento de sistemas técnicos complejos, combinado con mejoras tecnológicas y estéticas, logra beneficios ambientales y ahorros sustanciales en gastos de capital: en 2005, los 59 trenes de alta velocidad ICE1 de los ferrocarriles alemanes fueron reacondicionados con un coste de 3 millones de euros cada uno, frente a los 25 millones de euros que se necesitan para un tren nuevo similar[61]. Este "rediseño" conservó el 80% de los recursos iniciales de 16.500 toneladas de acero y 1.180 toneladas de cobre por tren. Esto equivale a una prevención de 35.000 toneladas de emisiones de CO_2 y 500.000 toneladas de residuos mineros. El rediseño incluyó una actualización tecnológica del material rodante y un replanteamiento completo del interior, lo que permitió aumentar el número de asientos y, por consiguiente, la rentabilidad de los trenes.

- **Es socialmente viable**, porque requiere mucha mano de obra e internaliza la responsabilidad del productor y del usuario, así como los costes del riesgo y los residuos, que en la Economía Industrial Lineal están externalizados y son asumidos por la sociedad. Además, las actividades de la Economía de Alto Rendimiento pueden promover una actitud de cuidado por parte de los usuarios, al recompensar una buena gestión de los productos y castigar el abuso.

---

[61] Los trenes habían recorrido 15 millones de km cada uno en 15 años de servicio.

> Los servicios de Economía de Alto Rendimiento son intensivos en mano de obra y capacidades: el desmontaje no destructivo y que preserve el valor de los productos usados, necesario periódicamente, exige un criteri
>
> o cualitativo en cada paso. Lo mismo ocurre con el análisis crítico del potencial de reparación o reacondicionamiento de componentes desmantelados. El equipo usado excedente se vende a nuevos propietarios.

En general, las consideraciones económicas también son decisivas para la mayoría de los agentes de la Economía de Alto Rendimiento. El desarrollo de métodos innovadores de reparación y reacondicionamiento de bajo mantenimiento y sin necesidad de repuestos, es el desafío final de la ingeniería para maximizar las ganancias en la Economía de Alto Rendimiento. En los años setenta, la Fuerza Aérea de los EE.UU. desarrolló una tecnología de soldadura por difusión para reparar las aspas de los motores a reacción a fin de eliminar las piezas de repuesto y sus altos costes de gestión. Por la misma razón, Rolls Royce desarrolló un sistema de monitorización en vuelo para cambiar los motores antes de que hubieran sufrido daños graves, así como tecnologías de reparación sin necesidad de repuestos, cuando comenzó a ofrecer servicios de mantenimiento del tipo "*Power by the hour*"[NT21]. Estos métodos, que permiten evitar la generación de residuos y lograr ahorros financieros, van de la mano de un servicio con mayor aporte de mano de obra.

Los productos de bajo mantenimiento y larga duración son una estrategia clave para los gestores logísticos. Algunos ejemplos adicionales de tecnologías innovadoras desarrolladas por agentes de la Economía de Alto Rendimiento que integran las oportunidades del Internet de las cosas (IoT), son Autolib, una empresa de París que administra un sistema que combina coches eléctricos (de bajo mantenimiento), aparcamientos reservados y la gestión electrónica de las reservas; y Mobike, una compañía china que alquila bicicletas con ruedas de goma maciza (no se necesita reparar los neumáticos), las cuales se pueden dejar en cualquier lugar y usar espontáneamente desde donde estén.

[NT21] Los servicios "Power-by-the-hour" externalizan el mantenimiento de un equipo mediante una tarifa fijada por hora de operación.
https://www.rolls-royce.com/media/our-stories/discover/2017/discover-power-by-the-hour.aspx

7.3. Los fundamentos de la Economía de Alto Rendimiento - el Factor Tiempo

La búsqueda de una mayor eficiencia técnica a través del progreso tecnológico, siempre ha sido uno de los motores de la sociedad. La eficiencia de los recursos se convirtió en un tema recurrente a finales del siglo XX, desencadenado por el informe de 1973 "Los límites al crecimiento" ("*Limits to Growth*") del Club de Roma.

Alrededor de 1800, después de las primeras explosiones de motores de vapor y fábricas de dinamita, el deseo de prever futuros eventos catastróficos potenciales llevó al nacimiento de la gestión de riesgos. DuPont de Nemours, productor de "Dupont Powder", sigue siendo líder en la gestión de riesgos en la actualidad. Sin embargo, el moderno pensamiento integral de la gestión de riesgos comenzó con el accidente de 1974 en Flixborough[62].

Incluir la gestión de la sostenibilidad en esta tecnología bidimensional (ingeniería y eficiencia), cuya producción está optimizada para enfocarse en los riesgos, significa introducir el "Tiempo" como un nuevo factor en la economía (fig. 14, ver página siguiente). El resultado es una optimización tridimensional (fig. 13) y la incorporación de dos ámbitos, el de la optimización de la utilización, y el de la optimización de la responsabilidad, en la optimización económica tradicional.

De esta forma, la introducción del Factor Tiempo permite una nueva definición de Calidad como base para la Economía de Alto Rendimiento: la venta de rendimiento como el vector de esta triple optimización.

---

[62] En 1974, una gran explosión destrozó una planta química en Flixborough, a orillas del Trent en Lincolnshire, Reino Unido. Un gran número de personas murieron, 53 resultaron heridas y la pequeña ciudad cerca de la planta fue destruida.

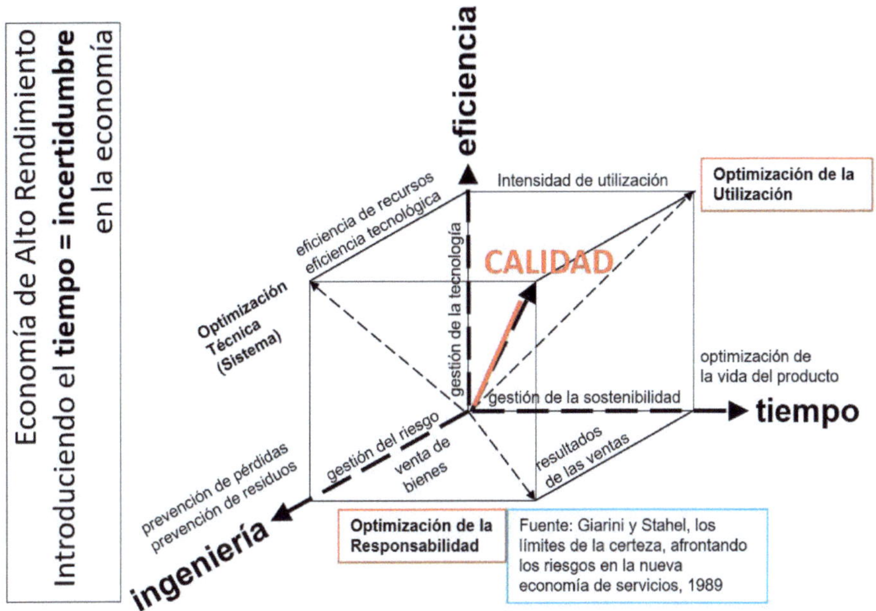

Figura 14: El Factor Tiempo, introduciendo la gestión de la sostenibilidad en la economía.

El pensamiento basado en el Rendimiento debe incluir el tiempo como un nuevo factor de la economía.

Al incorporar el Factor Tiempo, se introduce la incertidumbre en la economía.

La prevención de pérdidas económicas y de recursos se convierte entonces en un desafío empresarial para los agentes económicos, y en parte de una nueva definición de la calidad de los productos y sistemas.

El Factor Tiempo es relevante para la Economía Industrial Circular en general:

Por un lado, los usuarios-propietarios deben tener el derecho de reutilizar y reparar los productos siempre que lo consideren oportuno, para mantener el valor y la utilidad de las existencias de productos de la mejor manera en la era de la "R". Sin embargo, este derecho se ha vulnerado cada vez más por los fabricantes que utilizan una variedad de estrategias de obsolescencia prematura del producto, con el objetivo de mantener los volúmenes de producción y los márgenes de ganancia en los mercados cercanos a la saturación.

Por otro, para mantener el valor y la utilidad de las existencias de partículas de la mejor manera en la era de la "D", los propietarios de productos cuya vida útil ha terminado -con los recursos que estos productos representan-, deberían tener la obligación de separar o desvincular los materiales gastados para recuperar las partículas en su más alta pureza.

En el caso de los productos y partículas "fugitivas", los agentes económicos y los responsables políticos pierden el control sobre el Factor Tiempo. Si bien los problemas que vienen de antaño, como los "plásticos en los océanos", deben resolverse con un enfoque de gestión de residuos que se deriva de la Economía Industrial Lineal, un cambio en los modelos de negocio puede evitar que el problema crezca continuamente:

- los materiales y productos -libres de obsolescencia programada- deberían comercializarse exclusivamente a través de estrategias de alquiler de partículas en lugar de ser vendidos (cambiando a la Economía de Alto Rendimiento),
- los productores de materiales pueden cambiar su materia prima a materiales biodegradables, o
- los legisladores pueden imponer una Obligación Ampliada del Productor a los productores (EPL, capítulo 5).

En este último caso, los productores pueden optar por estrategias de alquiler de partículas o desarrollar materiales biodegradables para defender sus mercados.

Capítulo 8

Innovación radical: introduciendo ideas, sistemas, componentes y materiales innovadores en los stocks

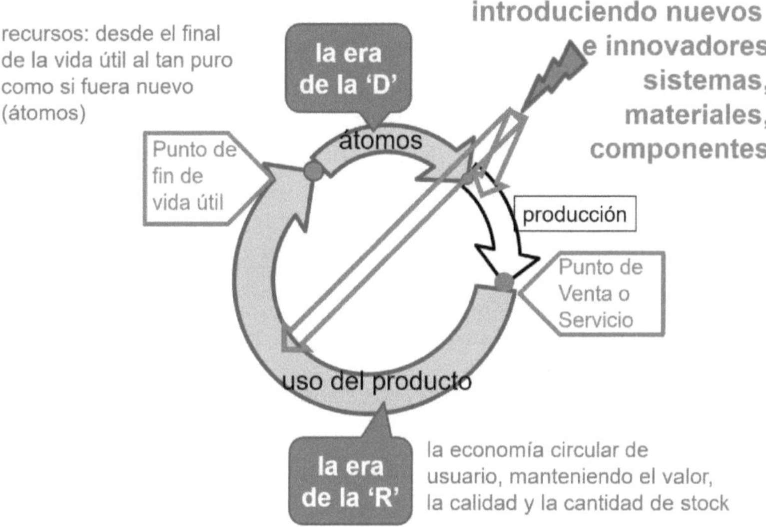

Figura 15: Innovación radical en materiales, componentes y sistemas.

En una economía ideal, la Economía Industrial Lineal y la Economía Industrial Circular operan en una simbiosis, donde la Economía Industrial Lineal produce:

- nuevos componentes con materiales y diseño innovadores, que sean compatibles con los productos existentes y que permitan mejoras técnicas y de fabricación de los productos y sistemas in situ, y
- procesos para recuperar el stock de moléculas y átomos incorporados en el stock de productos existente.

El mayor potencial de mejoras a través de la I+D se encuentra en la era de la "D", mientras que la era de la "R" se beneficiará enormemente de la investigación tecno-económica sobre las ventajas económicas de la extensión de la vida útil de los productos. Sin embargo, los límites en las opciones factibles de la era de la "D", pondrán más presión sobre los agentes económicos para explotar mejor las soluciones de la era de la "R", y en industrializar las oportunidades de negocios de la Economía Industrial Circular.

Basada en la visión de un futuro sostenible, la innovación *pull* (promovida por la demanda del mercado de soluciones a problemas específicos, ya sea desde el sector público o privado), se puede utilizar para motivar la investigación en una dirección determinada. Una flota de transporte noruego ha solicitado que las embarcaciones exprés costeras de emisiones cero utilicen hidrógeno como combustible[63].

8.1. La innovación en la era de la "R"

Desde la década de 1990, la investigación tecno-económica con objetivos ambientales ha florecido en áreas como el Análisis del Ciclo de Vida (ACV), que tiene un horizonte temporal definido "de la cuna a la tumba – *cradle to grave-*"[64]. El trabajo de investigación más allá de la tumba, como el MIPS -*Material Intensity Per unit of Service-* (la intensidad de materiales por unidad de servicio)[65], y el Club del Factor 10[66], no llamó la atención en ese momento, posiblemente porque la importancia del concepto de "unidades de servicio" era difícil de entender incluso

[63] Boreal y Wärtsilä Ship Design acordaron desarrollar un ferry propulsado por hidrógeno para el tramo Hjelmeland-Skipavik-Nesvik. Este ferry será el primero en el mundo donde el buque utilizará hidrógeno como combustible. La Administración de Carreteras Públicas de Noruega ha [...] anunciado un contrato de desarrollo para un ferry impulsado por hidrógeno, que se pondrá en funcionamiento en 2021. El servicio de ferry será operado por dos embarcaciones, una de ellas totalmente eléctrica y la otra híbrida hidrógeno-eléctrica con el 50% de la producción de hidrógeno. Fuente: Ferry Shipping News, 8 de febrero y 17 mayo.

[64] Por ejemplo, la ISO 14040: 2006, Gestión ambiental - Evaluación del ciclo de vida - Requisitos y directrices.

[65] Schmidt-Bleek (1994) Wieviel Umwelt braucht der Mensch? MIPS — Das Maß für ökologisches Wirtschaften. Birkhäuser Verlag Basel.

[66] Hace 25 años se sugirió por primera vez una desmaterialización de los países industrializados en un Factor de 10 (menos el 90%) para lograr un desarrollo económico sostenible en todo el mundo para el año 2050.

para los expertos. La mayoría de los expertos consideraron imposible aceptar una reducción del consumo de recursos en los países industrializados en un 90% (un factor de 10) y analizar sus implicaciones para la economía y la sociedad. En 2017, casi 30 años después de su formulación, el Consejo Mundial Empresarial de Desarrollo Sostenible acaba de "reinventar" el concepto de Factor 10.

Los intereses políticos para reducir los volúmenes de residuos al final de línea, guiaron la investigación académica para examinar sectores de la economía circular, tales como encontrar usos para los residuos de la industria de la construcción o electrónica, o reducir la toxicidad, impulsados por el objetivo de hacer frente a volúmenes de residuos abrumadores. Sin embargo, los investigadores sólo se han interesado recientemente en reutilizar componentes de construcción, en lugar de recuperar materiales de construcción, como por ejemplo los agregados del hormigón.

La investigación económica y financiera, ha permanecido en gran medida inmune a las oportunidades de la Economía Industrial Circular. El hecho de que el retorno de la inversión (ROI) en los motores de combustión reacondicionados es 5 veces mayor que el ROI en la fabricación de productos nuevos similares, es conocido por los fabricantes de productos reacondicionados, y casi nadie más.

8.2. La investigación en el caso de largos períodos de tiempo

Pocos estudios o publicaciones de investigación han analizado el impacto del "Factor Tiempo" en los factores de producción[67]. Un obstáculo obvio para la investigación en este tema es el tiempo en sí mismo: ¿cómo se analiza la contribución laboral en el uso de un automóvil durante 30 años, por ejemplo, para una tesis doctoral? Cuando el estudiante ha terminado su tesis, casi ha alcanzado la edad de jubilación. El Factor Tiempo implica incertidumbre: no podemos predecir el futuro y, por lo tanto, no podemos acelerar la investigación. Además, aunque muchos gestores logísticos utilizan los equipos durante largos períodos de tiempo, por ejemplo, los bombarderos B52 de 1952 o el Airforce One -que ya tiene treinta años-, no pueden guardar los datos durante toda la vida útil. Cuando los ferrocarriles pasan una revisión general (con el objetivo de dejarlo como nuevo), después de la misma generalmente eliminan los datos de vida útil del

[67] Entre las excepciones se encuentra el libro de 1989 "The Limits to Certainty, facing the risks of the new service economy" de Orio Giarini y Walter Stahel, Kluwer Academic Publishers Dordrecht.

material. Como resultado, los datos que podrían aprovecharse para justificar decisiones políticas en favor de un cambio hacia una Economía Industrial Circular son escasos, y pueden ser ignorados fácilmente al considerarse como no representativos.

El propio autor de este libro realizó un análisis de los gastos totales de su automóvil durante una vida útil de 30 años (fig. 16, ver página siguiente). Como era de esperar, el porcentaje relativo a la fabricación se reduce continuamente, mientras que aumentan los costes laborales desde el 18% después de 10 años, al 34% a los 20 años y hasta el 48% después de 30 años.

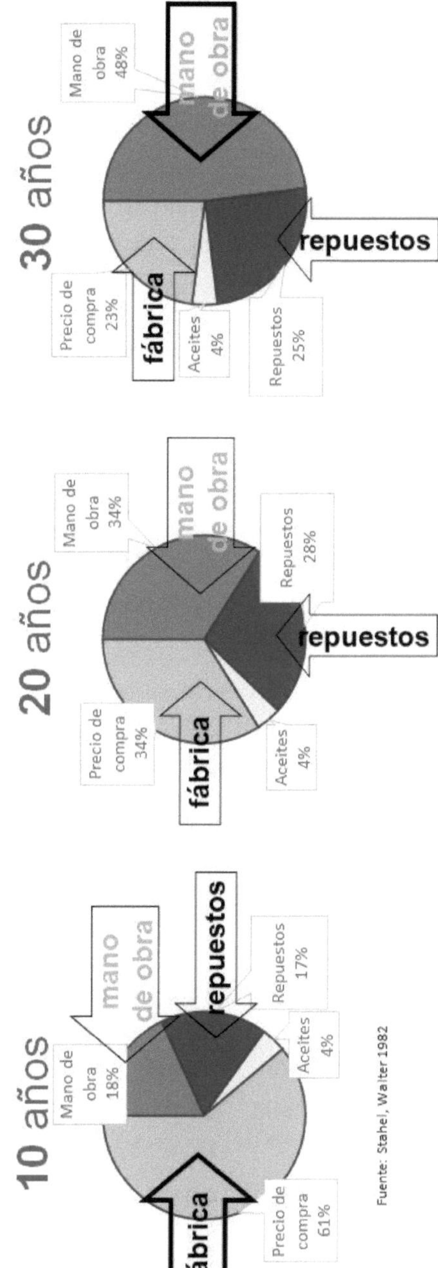

Figura 16: Análisis de los costes de funcionamiento de un automóvil durante un período de 30 años.

En la Figura 16 se observa una clara sustitución de la energía y materiales en la producción global por mano de obra local. Otros costes, como el aceite y las piezas, permanecen relativamente constantes. El automóvil aún está en uso, y se puede esperar que los costes de mano de obra alcancen un techo alrededor del 75% de los costes totales.

En una Economía Industrial Circular madura, la Economía Industrial Lineal complementa a la Economía Industrial Circular al innovar para actualizar y renovar las existencias de productos. En la construcción y en el mundo electromecánico, las mejoras tecnológicas a menudo afectan a piezas individuales, que pueden ser reemplazadas por componentes de nueva tecnología que cumplen la misma función. En los coches antiguos, los distribuidores mecánicos, que necesitan ajustes de forma regular, pueden ser reemplazados por otros electrónicos sin mantenimiento. Transformar una máquina de escribir mecánica en un ordenador no tiene sentido, pero es factible convertir las bicicletas mecánicas en bicicletas eléctricas, utilizando micro-motores eléctricos integrados en el eje de las ruedas y añadiendo una batería, o convertir un Jaguar E-Type original en uno eléctrico, y así lo ha hecho la compañía, que ofrece este servicio a los usuarios propietarios.

Estas son oportunidades de negocio ocultas, que necesitan agentes económicos que conozcan las nuevas tecnologías y el stock existente de productos. En los mercados de hoy, muy pocos de estos intermediarios existen, y la mayoría de estas oportunidades de negocios se pierden.

Sin embargo, la Economía Industrial Lineal y la Economía de Alto Rendimiento se están fusionando a través de una tendencia para reemplazar componentes mecánicos complejos, como es el caso de los motores de combustión con cajas de engranajes, los cuales se reemplazan por motores con componentes de bajo mantenimiento y larga duración, como los motores eléctricos. Debido a que los componentes de bajo mantenimiento y larga duración dan lugar a productos de mayor duración, los productores pueden aprovechar la oportunidad de vender bienes como un servicio para retener el control del mercado y beneficiarse del progreso de la tecnología.

En el mundo de las TI de hace unos años, el hardware y el software se podían actualizar por separado: los elementos de hardware se reemplazaban de manera rutinaria por nuevos componentes más potentes y/o de mayor ahorro de energía, mientras que el software se actualizaba periódicamente, a menudo online, para mejorar la capacidad de ofrecer niveles de servicio aceptables en el caso de fallos graves de los sistemas informáticos. El nuevo hardware externo, como impresoras y discos duros, era en su mayoría compatible con equipos existentes como ordenadores personales. Este último podría usarse "tal cual" durante mucho tiempo, como sistemas autónomos que funcionan off-line sin límites. La propiedad y el control continúan con el propietario del hardware con una licencia de software, y este es el caso de sistemas aislados como las *dashcams*[NT22] y el GPS portátil.

8.3. Investigación del comportamiento corporativo en el control de productos inteligentes en la IoT

Con la aparición del "Internet de las cosas" (*Internet of Things* - IoT), los sistemas de TI anunciaron su funcionamiento ininterrumpido gracias a los servicios de reparación remota online y el mantenimiento preventivo, pero al mismo tiempo, el control del sistema cambió del usuario al productor, por ejemplo, cuando un coche deje de funcionar porque el usuario omitió un mantenimiento programado. Para los coches de alquiler, esto se puede justificar para proteger a los propietarios contra usuarios negligentes, pero para los coches vendidos directamente, el hecho de que sea el productor (a través del software del coche) quien tome la decisión de elegir entre daños potenciales al vehículo o graves inconvenientes para su propietario, constituye una pérdida de poder para propietario. El "Diésel-gate" (escándalo producido en 2015 por fabricantes de vehículos que manipularon el sistema informático de los automóviles para simular menores emisiones en los controles), fue el siguiente paso en la retención de un control no declarado por parte de los fabricantes sobre los productos después del Punto de Venta (PoS), engañando a los propietarios y legisladores.

Los políticos deben tomar medidas para que la Economía Industrial Lineal no pueda abusar de esta situación para acortar la vida útil o reducir el control de los propietarios sobre los productos. Esto es ya una realidad en los teléfonos inteligentes y otros equipos también denominados inteligentes, como tractores y cosechadoras, donde los actuales propietarios pueden reparar el hardware, pero no el software. Mientras que uno puede eliminar su usuario en redes sociales como Facebook, no se puede usar un hardware inteligente sin un software. En el equipo agrícola, que normalmente se usa en áreas rurales, incluso remotas, un

[NT22] Las *dashcams* son cámaras de a bordo que se colocan en el interior de un vehículo, sobre el salpicadero o en el espejo retrovisor, para grabar mientras el vehículo está en movimiento.

fallo del software que el agricultor no pueda corregir rápidamente in situ, por ejemplo, reiniciando el sistema, implica esperar a que llegue un técnico. Como el agricultor no puede trabajar en sus campos durante la avería, sufre costes de oportunidad además del coste de reparación, mientras que estas averías se convierten en una nueva fuente de ingresos regulares para el productor.

Este desarrollo viola el principio de la Economía Industrial Lineal de que la propiedad, la responsabilidad y el control de un producto se transfieren en el Punto de Venta (PoS) del vendedor al comprador. Mientras que un tercero puede reparar el hardware, el software, cuyo código fuente es mantenido en secreto por el productor bajo la Ley de Derechos de Propiedad Intelectual, se convierte en una barrera para la extensión de la vida útil del producto. En la Economía de Alto Rendimiento, si los productores conservan la propiedad y la responsabilidad mediante la venta de productos como un servicio, este dilema no se produce. La cuasi-propiedad del software por parte de los productores en la Economía Industrial Lineal, puede ser un caso recomendable para su tratamiento por parte de los legisladores.

8.4. Innovación tecnológica en la era de la "D"

La era de la "D" es el campo de la Economía Industrial Circular con el mayor potencial de mejoras a través de la I+D tecnológica. Una vez que se hayan agotado las opciones rentables de reutilización y extensión de la vida útil de los productos en la era de la "R", la mejor opción es recuperar las existencias de átomos y moléculas en su nivel más alto de utilidad y valor (pureza) para su reutilización. Esto requiere tecnologías y procesos de clasificación sofisticados, para separar los residuos mezclados (domésticos) en fracciones de materiales limpios, y para descomponer los productos usados en fracciones de materiales con un alto nivel de diversificación (por ejemplo, en muchas aleaciones diferentes del mismo metal). Finalmente, también requiere de tecnologías para recuperar moléculas y átomos tan puros como los recursos vírgenes.

La clasificación de los materiales utilizados en los productos manufacturados es un problema (excepto en el sector de la minería), y abre un abanico de posibilidades en la I+D. Lo mismo ocurre en las tecnologías para descomponer las moléculas fabricadas. Los agentes económicos innovadores deberían liderar la era de la "D", pero los gobiernos pueden apoyar estas actividades creando las condiciones marco adecuadas. Las oportunidades de la ciencia y la tecnología para recuperar átomos y moléculas, son casi ilimitadas en un entorno abierto y competitivo a nivel internacional, y muchas soluciones serán patentables. Además, algunas de estas actividades se asemejan a las que se emplean para obtener los mismos recursos vírgenes.

A diferencia de los procesos descentralizados en la era de la "R", las tecnologías y acciones de la era de la "D" a menudo serán globales y se diferenciarán en gran medida en función de los materiales.

Estas tecnologías y acciones en la era de la "D", incluyen:

- **Disgregar las moléculas**, como des-polimerizar polímeros, deshacer aleaciones metálicas, desunir laminados de fibra de vidrio y carbono, des-vulcanizar neumáticos usados para recuperar caucho y acero, o separar el recubrimiento de productos. Incluso si el valor del material recuperado es negativo, debido a que el coste de la separación o de la obtención del revestimiento es mayor que el valor del recurso recuperado, todavía puede ser necesario hacerlo para minimizar la carga de los residuos para el medioambiente.
- **El desmantelamiento de edificios de gran altura y de la infraestructura principal** es un tema aparte, y exige sus propias tecnologías. España ha comenzado a desmantelar su presa "Yecla de Yeltes", el proyecto de desmantelamiento más grande de su tipo en Europa. Alemania, por su parte, se enfrenta al problema de desmantelar sus centrales nucleares. En Tokio, el primer edificio de gran altura se desmanteló con un método que permitió recuperar no sólo el equipo y los materiales utilizados en la construcción, sino también la energía que se consumió originalmente para levantar los materiales.

Estos ejemplos son sólo la consabida punta del iceberg. Algunos fabricantes como Plastos, la compañía noruega que produce equipos para piscicultura, han comenzado a recuperar los productos hechos de HDPE (polietileno de alta densidad, PEAD en español) al final de su vida útil, para procesar el material y generar nuevos equipos mediante un proceso rentable.

La investigación sobre la reutilización de átomos y moléculas también abre nuevos territorios en las ciencias básicas. Preguntas como *"¿puede el CO_2 pasar de ser un residuo a ser un recurso para producir nuevos productos químicos? ¿Podrá esta nueva química del carbono competir con la petroquímica?"*, pueden encontrar una respuesta a través de la investigación científica. La captura y almacenamiento de carbono (CCS) y la captura de carbono para su utilización (CCU), con el objetivo de producir hidrógeno, es un tema de investigación en estudio en Noruega.

Sin embargo, en los casos para los que no se encuentren tecnologías en la era de la "D" para obtener los materiales usados, aumentará la presión sobre los productores de la Economía Industrial Lineal para buscar materiales alternativos, o cambiar su modelo de negocio para explotar las oportunidades económicas de la era de la "R".

Capítulo 9

La Economía Circular: Bases, contexto y perspectivas

9.1. La Sociedad Circular como base de la Economía Circular

La circularidad es el principio rector en la naturaleza y en la sociedad circular, siendo esta última la que permitió a la humanidad primitiva, superar una escasez de recursos, personas y habilidades haciendo el mejor uso de los recursos naturales disponibles. Compartir y reutilizar eran una necesidad y se convirtió en lo habitual. Cuando un castillo se volvía superfluo debido a cambios políticos, o una catedral redundante, se desmantelaba su estructura y se usaban las piedras para construir nuevas casas o puentes. Esta sociedad circular ha sido durante mucho tiempo el mejor amigo del ser humano, omnipresente y discreta, impulsada por la escasez y la pobreza.

El capital humano, es decir, la gente, sus habilidades y su creatividad, junto con una actitud de cuidado, es la base de esta Sociedad Circular. Cuidar y compartir las existencias (capitales naturales, culturales, manufacturados y sociales), han sido los motores de la sociedad circular del pasado y la base de nuestro futuro sostenible.

La revolución industrial permitió a las personas superar la escasez de refugio, comida y movilidad, pero al mismo tiempo alejó a la humanidad de la naturaleza. El éxito de la Economía Industrial Lineal (EIL), de la producción ilimitada de materiales y productos, ha llevado a la abundancia, al consumo insostenible de recursos y a volúmenes de residuos cada vez mayores, donde el cuidado fue reemplazado por las tendencias de moda y el progreso, y quedó relegado a un segundo plano en la sociedad de consumo, excepto en algunas comunidades muy unidas a su propia cultura tales como los Amish.

La gestión de los residuos al final de línea es la fase final de la Economía Industrial Lineal, mientras que la prevención de los residuos es uno de los objetivos de la Economía Industrial Circular. En el Punto de Venta (PoS), la responsabilidad sobre el producto se transfiere del productor al comprador-usuario (el consumidor), quien, a su vez, la traslada al Estado. El desperdicio del consumidor, como objetos sin valor positivo o sin Responsable Efectivo Final

(ULO), se convierten en responsabilidad de los municipios y los estados nacionales (fig. 17).

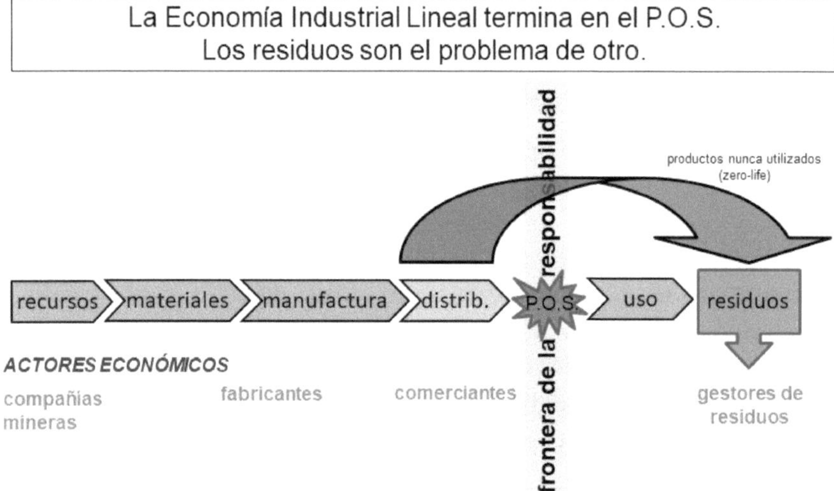

Figura 17: La Economía Industrial Lineal: La gestión de residuos es su fase final, pero la responsabilidad de otro.

En una sociedad de abundancia, la Economía Industrial Circular es la solución de último recurso de los Estados Nacionales para reducir los residuos, pero el foco se pone en reducir rápidamente los volúmenes de residuos (reciclaje, incineración), no en mantener el valor y la utilidad en los niveles más altos a través de la reutilización y la extensión de la vida útil, durante el mayor período de tiempo. Los productores de la Economía Industrial Lineal no están involucrados.

9.2. La ecologización del contexto industrial

A finales del siglo XX comenzaron los esfuerzos hacia la industria sostenible. Surgieron una serie de nuevos campos de investigación, con el objetivo de optimizar la cadena de suministros de la producción y el valor agregado hasta el Punto de Venta (PoS).

De hecho, los residuos industriales son una doble pérdida financiera, en forma de recursos perdidos y de costes de gestión de residuos, tanto desde el punto de vista energético como del de los materiales. Por lo tanto, es sorprendente que los agentes económicos de la Economía Industrial Lineal tengan que estar motivados para evitar el desperdicio.

La prevención de residuos también es un problema cultural porque los residuos pueden considerarse como ineficiencia económica. Para promover la prevención de desperdicios en países que están orgullosos de su eficiencia en la producción, como es el caso de Japón, puede ser casi un insulto indicar a los gerentes que los desperdicios son ineficientes y, por lo tanto, se están comportando de una manera *"no japonesa"*.

Los esfuerzos de la industria sostenible tienen varios orígenes, objetivos e inventores:

- **La Ecología Industrial**, es una ciencia joven que estudia los sistemas industriales con el objetivo de encontrar maneras de disminuir su impacto ambiental, y de aprender cómo las industrias pueden usar la ecología industrial para reducir su consumo de recursos naturales y generar menos residuos. Thomas Graedel fue uno de sus fundadores. Este concepto puede extenderse a sectores de final de línea, como las plantas de tratamiento de aguas residuales municipales, que recuperan fósforo que puede reutilizarse como fertilizante.
- **La Simbiosis Industrial** es una asociación entre dos o más instalaciones industriales o compañías en las que los residuos o subproductos de uno se convierten en materias primas para otro, en un enfoque lineal en cascada. Su ejemplo más importante es el parque eco-industrial de Kalundborg. El yeso puro es un residuo de las centrales eléctricas de carbón que los fabricantes de placas de yeso pueden utilizar directamente como recurso en lugar del yeso natural. Las simbiosis industriales son vulnerables al cambio estructural, pues si los fabricantes de placas de yeso se ven obligados a retirar sus productos, es posible que prefieran reutilizar sus

propios productos usados, en lugar de los residuos de yeso de las centrales eléctricas.

- **El Metabolismo Industrial** fue propuesto por Robert Ayres en analogía con el metabolismo biológico como "toda la colección integrada de procesos físicos que convierten las materias primas y la energía, más la mano de obra, en productos terminados y residuos ..."
- **La Producción Limpia** es una iniciativa preventiva de protección ambiental, específica de cada empresa. Está destinada a minimizar los residuos y las emisiones, y a maximizar la producción del bien.

La industria de la construcción es el mayor comprador de recursos, y se ha convertido en una industria sostenible líder: la reutilización de materiales en lugar de la eliminación es hoy la opción preferida en la mayoría de los nuevos proyectos de infraestructura. La construcción del nuevo túnel ferroviario Gotthard de 57 kilómetros de longitud (el más largo del mundo), produjo el equivalente a 5 pirámides de Gaza de residuos mineros[68], que se utilizaron como materia prima para construir la nueva (infra)estructura del proyecto, incluido el espray de hormigón para el propio túnel. De los 28 millones de toneladas de roca excavada, se entregaron 15 kilogramos a la oficina de correos suiza, que se pulverizaron en polvo fino y, utilizando una pintura especial, se integraron en un número especial de sellos postales llamado "Gottardo 2016". El agua caliente de las fuentes dentro del túnel, es capturada y utilizada por una nueva industria de piscicultura ubicada cerca de la entrada del túnel, haciendo un uso en cascada del recurso natural.

De manera similar, el 98% de los 7 millones de toneladas de material excavado en la construcción de la nueva línea Elisabeth en Londres se ha reutilizado en canteras, en un campo de golf, en una granja, y en reservas naturales a lo largo del río Támesis[69].

Los edificios y la industria de la construcción son un exponente típico de la Economía Industrial Lineal que produce objetos con una larga vida útil. Optar por

---

[68] En total, el nuevo sistema de túneles consta de 152 km de túneles y produjo 28,2 millones de toneladas de roca evacuada. Fuente: Aus dem Berg in den See and anderswohin; Neue Zürcher Zeitung, 24 de mayo de 2016, Beilage Gotthard Eröffnung p. 7.

[69] "On the right track" en Explore Paddington, Spring/Summer 2018. p. 17.

el cuidado como estrategia corporativa en la fase de producción es tan eficiente como pensar en las opciones de final de vida útil. Sin embargo, para los productores de productos con una vida útil corta, podría ser necesaria una Obligación Extendida del Productor (EPL) como la zanahoria motivadora para considerar acabar con la vida útil corta en la estrategia de fabricación.

9.3. Perspectiva

No existe una solución de Economía Industrial Circular única que se adapte a todos. El cambio de una Economía Industrial Circular -como solución de último recurso para superar el legado de la Economía Industrial Lineal-, a la Economía de Alto Rendimiento, que se convierte en la opción predeterminada de la Economía Industrial Circular, requiere motivación e información, así como nuevas tecnologías y modelos de negocio.

Una Economía Industrial Circular de abundancia no está impulsada por la necesidad y, por lo tanto, las personas deben estar motivadas para adoptarla en su vida diaria. Una Economía Industrial Circular se basa en la confianza y el cuidado, valores que han sido borrados por la publicidad de "lo más grande, lo mejor, lo más seguro y lo más verde", usada para promocionar los objetos de nueva fabricación. Es posible que estos valores deban ser renovados.

La revolución industrial ha roto el vínculo entre las personas y la naturaleza, y ha puesto la eficiencia antes que la suficiencia. Se necesita información y motivación para no comprar un coche, teléfono o prenda nuevos si los bienes nuevos son más baratos, más grandes, mejores, más seguros y más modernos que el que uno tiene, y además se dispone del dinero suficiente y el desperdicio sale gratuito. En resumen: se necesita marketing para el uso inteligente.

Sin embargo, este marketing no se realiza. La Economía Industrial Circular es silenciosa, bastante local, sólo conocida por los expertos, y arrollada por el ruido y la omnipresencia del marketing y la publicidad de la Economía Industrial Lineal. La mayoría de las madres jóvenes, ignoran el hecho de que usar ropa que haya sido previamente lavada, es la mejor estrategia para proteger a los bebés contra las alergias. La ropa de segunda mano y de alquiler para bebés, son opciones ampliamente disponibles en las que las prendas se han lavado muchas veces. Sin embargo, los padres jóvenes no hacen cola para comprar ropa de segunda mano, y por otra parte la mayoría de las tiendas no las ofrecen.

Para otros bienes, el patrimonio cultural y la identidad personal pueden jugar un papel importante. La sociedad es tan derrochadora en conocimiento como lo es con los bienes y recursos materiales. ¿Podemos restaurar la antigua enseñanza de que "lo viejo está lleno de recursos"? De hecho, los eventos que involucran coches antiguos o aviones históricos atraen a grandes multitudes.

Una Economía Industrial Circular no es la única estrategia inteligente y sostenible que existe, pero es probablemente el modelo de negocio más sostenible al permitir mejorar simultáneamente los factores ambientales, sociales y económicos. Volviendo a la llamada de Saint Exupéry, ¿tal vez, mover los pilares en favor de la Economía de Alto Rendimiento, que utiliza la Economía Industrial Circular como opción predeterminada para la economía, es la mejor estrategia de los responsables políticos para crear el "anhelo por el mar"? La venta de rendimiento en lugar de los bienes mismos permite a los ciudadanos seguidores de modas, continuar disfrutando del uso de los productos con cambios frecuentes, pero sin causar un desperdicio prematuro.

Otros ciudadanos pueden sentirse atraídos por enfoques sostenibles de naturaleza no monetaria, como una buena agricultura en una sociedad colaborativa, o los grupos sociales de autoayuda. Los cafés de reparación, donde los propietarios de productos rotos se reúnen regularmente con voluntarios con conocimientos y herramientas de reparación, son ejemplos de una sociedad colaborativa sostenible o de una economía de trueque circular. El conocimiento es tratado como un bien público, sin intercambio de dinero.

El denominador común de estos conceptos puede ser un retorno a los valores antiguos, como una buena gestión de la agricultura y una actitud de CUIDADO, en lugar de eficiencia y productividad.

Este libro ha estructurado e ilustrado los principios de la Economía Industrial Circular, pero probablemente no habrá respondido a la pregunta de cómo crear *"la pente vers la mer"* ("el anhelo por el mar") mencionada por Antoine de St Exupéry en Citadelle.

Si queremos tener éxito en la construcción de una sociedad sostenible en los países industrializados, la tarea principal es crear un anhelo por la circularidad, por una Economía Industrial Circular. Esto se puede conseguir, por ejemplo, motivando a los actuales adictos a las compras a convertirse en adictos de la reutilización y reparación de los bienes que poseen, y a ser gestores responsables de los productos que alquilan o comparten.

Las regiones donde la mejora de la alimentación, la salud y la educación son prioritarias pueden tener una Economía Circular por necesidad, pero también el legado de la Economía Industrial Lineal, como los residuos plásticos. Encontrar una estrategia que conduzca a una sociedad sostenible será un desafío.

Índice

Lista de Figuras

Listado de Términos de Traducción

Se incluyen, a continuación, los términos más relevantes utilizados en el texto original en inglés, así como la traducción aplicada en esta versión en español, ya que algunos de ellos no tienen traducción directa a este idioma.

El objetivo de esta lista es facilitar al lector la búsqueda y ampliación de información sobre los conceptos de Economía Circular expuesto en este libro, desde los términos originales en inglés.

Backcasting: No tiene traducción directa al español, por lo que se ha mantenido el término en inglés, ya que, además, está explicado por el autor en la referencia 14.

De-construct: Deconstruir (RAE: *Deshacer analíticamente los elementos que constituyen una estructura conceptual*). Se ha optado por traducirlo como: Desmantelar, *des-construir,* para mantener el significado original del texto.

Default Option: Opción por defecto, Opción predeterminada.

DIY- "do it yourself": "Hágalo usted mismo".

End-of-service-life: Final de la vida útil.

Extended Producer Liability (EPL): Obligación Ampliada del Productor. Ver nota de traducción NT5.

Extended Producer Responsability (EPR): Responsabilidad Ampliada del Productor. Ver nota de traducción NT18.

Fleet Manager: El autor hace referencia a *"fleet manager"* en varias ocasiones, que se han traducido como: Gestor(es) logístico(s), administrador(es) de logística.

Greening of Industry: *Ecologización* de la Industria. "Ecologización" no es un término aceptado por la RAE. La traducción más directa del término "*Greening*" es "reverdecer". Sin embargo, se ha utilizado el término "ecologización" en este texto por aportar un significado más adecuado y una mejor comprensión, haciendo referencia a la Ecología Industrial.

Mass-produced goods: Productos fabricados a gran escala, bienes producidos en serie.

Mio: En la Figura 12, del punto 6.5, se ha traducido como "millones".

Molecules: "Moléculas" y, en ocasiones, también "partículas".

Performance Economy: Economía de Alto Rendimiento. Escuela de Pensamiento de la Economía Circular, desarrollada por Walter R. Stahel, y reconocida por la Fundación Ellen MacArthur.

Point of end-of-service-life: Punto al final de la vida útil.

Point of Sales (PoS): Punto de Venta. Se mantienen las siglas en inglés para su correcta identificación.

Remanufacturing: Reacondicionamiento (de productos). No tiene traducción directa al español.

Remarketing: Se mantiene el término en inglés ya que no tiene traducción directa al español. Hace referencia a la recomercialización y reventa de un producto.

Solution of last resort: Solución de último recurso, solución de última instancia.

Ultimate Liable Owner (ULO): "Responsable Efectivo Final" (ULO).